Olfert · Lexikon Finanzierung & Investition

Kompendium der praktischen Betriebswirtschaft

Herausgeber Prof. Dipl.-Kfm. Klaus Olfert

Lexikon Finanzierung & Investition

von

Prof. Dipl.-Kfm. Klaus Olfert

Herausgeber:

Prof. Dipl.-Kfm. Klaus Olfert
Postfach 13 26
69141 Neckargemünd

Verantwortlicher Redakteur:

Dr. Torsten Hahn
Friedrich Kiehl Verlag GmbH
Postfach 14 01 08
67021 Ludwgshafen
t.hahn@kiehl.de

ISBN 978-3-470-**59161**-2 · 2008
© Friedrich Kiehl Verlag GmbH, Ludwigshafen (Rhein) 2008

Druck: Druck Partner Rübelmann, Hemsbach – mü

Vorwort

In den vergangenen Jahren wurde wiederholt die Anregung sowohl an den Verlag als auch den Herausgeber des Kompendiums der praktischen Betriebswirtschaft herangetragen, ein knappes und übersichtliches Lexikon zu den Themen »Finanzierung« und »Investition« als Ergänzung dieser Kompendium-Titel herauszugeben.

Mit dem »Lexikon Finanzierung & Investition« möchte ich beide Themenkreise bündeln und Studierenden wie auch in der Fortbildung stehenden bzw. in der Praxis tätigen Leserinnen und Lesern eine hilfreiche Ergänzung der entsprechenden Kompendium-Bücher bieten. Es ist aber auch ohne Vorkenntnisse aus diesen Titeln vorteilhaft einsetzbar, wozu die klare und systematische Darstellung der 200 Hauptstichworte mit weit über 1.200 Einzelstichworten beiträgt.

Das »Lexikon Finanzierung & Investition« baut auf den finanzwirtschaftlichen Stichworten des Lexikons der Betriebswirtschaftslehre auf, die zahlreich überarbeitet bzw. zusätzlich ergänzt wurden. Es bietet all jenen, die sich auf Prüfungen in diesen Themenbereichen vorbereiten, die Möglichkeit, Wissen konzentriert aufzunehmen und zu repetieren. Insofern unterstützt es die Prüfungsvorbereitung vorteilhaft. Im Übrigen ist es als übersichtliches und auf das Wesentliche begrenztes Nachschlagewerk nutzbar, nicht nur für Praktiker.

Ich hoffe, dass Ihnen das »Lexikon Finanzierung & Investition« den erwarteten Nutzen bringt. Anregungen und Hinweise, die der Verbesserung des Buches dienen, nehme ich stets gerne auf.

Neckargemünd, im Mai 2008   Prof. Klaus Olfert

Günstige Paketpreise

Sie können das Lexikon Finanzierung & Investition zusammen mit dem Titel Finanzierung bzw. Investition aus der Reihe Kompendium der Praktischen Betriebswirtschaft auch zu günstigen Vorzugspreisen erwerben.

Weitere Informationen dazu finden Sie auf unserer Homepage!

ABKÜRZUNGSVERZEICHNIS

AfA	Absetzung für Abnutzung	HReg	Handelsregister
AktG	Aktiengesetz	IDW	Institut der Wirtschaftsprüfer
AG	Aktiengesellschaft	IFRS	International Financial Reporting Standards
AKA	Ausfuhrkredit-Gesellschaft		
BGB	Bürgerliches Gesetzbuch	KfW	Kreditanstalt für Wiederaufbau/KfW-Bankengruppe
DAX	Deutscher Aktienindex	KG	Kommanditgesellschaft
DTA	Bargeldloser Datenträgeraustausch	KGaA	Kommanditgesellschaft auf Aktien
		KSt(G)	Körperschaftsteuer(gesetz)
EDV	Elektronische Datenverarbeitung		
		MaRisk	Mindestanforderungen an das Risikomanagement
eG	eingetragene Genossenschaft		
		MDAX	Midcap-DAX
E-Business	Electronic-Business	MitbestG	Mitbestimmungsgesetz
E-Cash-System	Electronic Cash-System	MoMiG	Gesetz zur Modernisierung des GmbH-Rechts und zur Bekämpfung von Missbräuchen
E-Finance	Electronic-Finance		
e.K.	eingetragener Kaufmann		
e.Kfr.	eingetragene Kauffrau		
ERA	Einheitliche Richtlinien und Gebräuche für Dokumentenakkreditive		
		OHG	Offene Handelsgesellschaft
ESt(G)	Einkommensteuer(gesetz)	PIN	Persönliche Geheimzahl
EZB	Europäische Zentralbank	PublG	Publizitätsgesetz
GdbR	Gesellschaft des bürgerlichen Rechts	RoI	Return in Investment
GenG	Genossenschaftsgesetz	ScheckG	Scheckgesetz
GewSt(G)	Gewerbesteuer(gesetz)	SDAX	Smallcap-DAX
GmbH	Gesellschaft mit beschränkter Haftung	SolvV	Solvabilitätsverordnung
GmbHG	GmbH-Gesetz	TAN	Transaktionsnummer
GuV(-Rechnung)	Gewinn- und Verlust(-Rechnung)	TecDAX	Technologie-DAX
		UmwG	Umwandlungsgesetz
HBCI	Home Banking Computer Interface	WG	Wechselgesetz
HGB	Handelsgesetzbuch		
HRA	Handelsregister Abteilung A	Xetra	Exchange Electronic Tradings
HRB	Handelsregister Abteilung B		

LEXIKALISCHER TEIL

Die Aktie ist ein Wertpapier, das Rechte und Pflichten der Aktionäre verbrieft:

Rechte	Pflichten
▶ Stimmrecht in der Hauptversammlung ▶ Recht auf Anteil am Gewinn (Dividende) ▶ Recht auf Anteil am Liquidationserlös ▶ Recht auf Bezug neuer Aktien	▶ Pflicht zur Leistung der Einlage ▶ Haftung bis zur Höhe des Aktiennennbetrages ▶ Nebenverpflichtungen aufgrund der Satzung

Der **Nennwert** der Aktie beträgt mindestens 1 € je Aktie. Höhere Nennwerte der Aktien sind zulässig. Vom Nennwert, der auf der Aktie aufgedruckt ist, muss der **Börsenkurs** [⇨ 028] unterschieden werden, zu dem die Aktie gehandelt wird.

Die Aktie darf nicht unter dem Nennwert *(unter pari)*, kann aber über ihrem Nennwert *(über pari)* ausgegeben werden. Der Differenzbetrag zwischen dem Ausgabewert und dem Nennwert heißt **Agio** und ist in die Kapitalrücklage einzustellen. Die Aktie besteht als **Urkunde** aus dem:

Mantel	Bogen	
Eigentliche **Wertpapierurkunde**, in der die Anteilsrechte verbrieft sind. Er umschließt als Doppelbogen den Bogen, der auch Dividendenscheinbogen genannt wird.	**Coupons** (Dividendenscheine), die für die Auszahlung der Dividende bzw. die Ausübung des Bezugsrechts erforderlich sind.	**Erneuerungsschein** (Talon), der dazu dient, einen neuen Dividendenbogen zu beschaffen, wenn der alte Bogen verbraucht ist.

Es gibt verschiedene **Arten** [⇨ 002] von Aktien.

Arten nach Wertbezeichnung	**Nennwertaktien**, die auch **Nominalaktien** genannt werden und auf einen bestimmten Nennbetrag lauten, der mindestens 1 € oder ein Vielfaches davon beträgt.
	Quotenaktien, die auch **Anteilsaktien** heißen und direkt einen quotalen Anteil am Reinvermögen verbriefen, z. B. 1/10.000. Sie sind in Deutschland nicht erlaubt.
	Stückaktien, die auf keinen Nennwert lauten und auch »nennwertlose Stückaktien« genannt werden. Sie verkörpern einen Anteil am Grundkapital, der betragsmäßig nicht ausgewiesen wird.
Arten nach Übertragbarkeit	**Inhaberaktien**, die keinen Namen eines Berechtigten tragen. Berechtigter ist der jeweilige Inhaber. Sie werden durch Einigung und Übergabe übertragen.
	Namensaktien, die den Namen des Aktionärs enthalten, der im Aktienbuch der AG eingetragen ist. Bei der *vinkulierten* Namensaktie ist im Rahmen der Übertragung die Zustimmung der AG nötig.
Arten nach Rechtsumfang	**Stammaktien**, die mit gleichen Rechten bezüglich Stimme, Dividende, Liquidationserlös und dem Bezug neuer Aktien ausgestattet sind.
	Vorzugsaktien i.d.R. ohne Stimmrecht, die dafür aber bevorzugte Ansprüche hinsichtlich der Dividende oder des Liquidationserlöses einräumen.
Arten nach Verfügungsmöglichkeit	**Eigene Aktien**, die von der AG grundsätzlich nicht erworben werden dürfen, um Gläubiger und Aktionäre zu schützen. Ausnahmen regelt § 71 AktG.
	Vorratsaktien, die auch **Verwaltungs-** oder **Verwertungsaktien** genannt werden und über den gegenwärtigen Kapitalbedarf [⇨ 115] der AG hinaus geschaffen werden.
Arten nach Ausgabezeitpunkt	**Junge Aktien**, die bei einer Kapitalerhöhung [⇨ 117] ausgegeben werden und in ihren Rechten den alten Aktien noch nicht gleichgestellt sind, z.B. bei der Dividende.
	Alte Aktien, die nach Auszahlung der ersten Dividende gegeben werden.

Aktienanalyse, *technische*	*Dreier (2001); Hucke (2004); Lang (2003); Olfert/Reichel (2006a + b)*	**003**

Die Aktienanalyse kann als technische Aktienanalyse oder als **Fundamentalanalyse** [⇨ 075] durchgeführt werden. Bei der **technischen Aktienanalyse** werden die Börsenkurse [⇨ 028] beobachtet, registriert und hieraus Rückschlüsse auf die zukünftige Entwicklung gezogen, indem Trendverläufe prognostiziert werden. Ihr liegen u. a. folgende Überlegungen zu Grunde:

- Aktienkurse ergeben sich aus Angebot und Nachfrage und neigen zu einem Trend.
- Aktienkurse sind rationalen und irrationalen Einflüssen ausgesetzt.
- Aktienkurse lassen marktbedingte Änderungen der Grundrichtung erkennen.

Methoden der technischen Aktienanalyse sind:

- Die **Analyse von Einzelaktien**, bei der man sich der Charts bedient. Das sind Diagramme, die in grafischer Form die Kurs- und Umsatzentwicklung börsennotierter Aktien [⇨ 001] darstellen. In Deutschland werden verwendet:

Liniencharts	Sie sind geeignet, Trendverlängerungen offen zu legen, indem die periodisch eingetragenen Schlusskurse grafisch miteinander verbunden werden.
Balkencharts	Bei ihnen werden die Höchst- und Tiefstkurse durch senkrechte Striche – die **Kursspannen** – erfasst, wodurch Veränderungen der Marktstruktur sehr differenziert erkennbar werden.

- Die **Analyse des Gesamtmarktes**, denn für eine Investitionsentscheidung reicht es nicht aus, nur die Entwicklung der in Betracht kommenden Aktien zu untersuchen. Es gibt in:

USA	Den **Dow Jones Index** mit 30 Industrie-Aktien als bekanntesten Aktienindex.
Deutschland	Den **DAX-Index** mit 30 deutschen Aktien, den **FAZ-Index** mit 100 Aktien und den **Index des Statistischen Bundesamtes** mit 350 Aktien als bekannteste Aktienindizes.

Aktiengesellschaft	*Ditges/Arendt (2007a); Jung (2006a); Olfert/ Reichel (2005 + 2008); Wöhe/Döring (2005)*	**004**

Die Aktiengesellschaft (AG) ist eine **Handelsgesellschaft** mit eigener Rechtspersönlichkeit, deren Gesellschafter mit Einlagen auf das in Aktien [⇨ 001] zerlegte Grundkapital beteiligt sind. Rechtsgrundlage für die AG ist das **AktG**.

Die **Gründung** [⇨ 086] einer AG erfordert einen oder mehrere Gründer (§ 2 AktG). Sie stellen den Gesellschaftsvertrag (Satzung) auf, der notariell zu beurkunden ist. Über die Gründung wird ein Gründungsbericht erstellt. Die Gründer berufen den ersten Aufsichtsrat und den Abschlussprüfer für das erste Geschäftsjahr. Der Aufsichtsrat bestellt den ersten Vorstand.

Das **Grundkapital** beträgt mindestens 50.000 €. Die Summe der Nennwerte aller Aktien entspricht dem Grundkapital. Die **Firma** [⇨ 066] der AG kann eine Personen-, Sach-, Fantasie- oder gemischte Firma sein mit dem Zusatz »Aktiengesellschaft« bzw. »AG«. Die **Auflösung** einer AG kann durch Zeitablauf, Beschluss der Hauptversammlung mit 3/4-Mehrheit oder durch Eröffnung des Insolvenzverfahrens über das Gesellschaftsvermögen erfolgen (§ 262 AktG). **Organe** [⇨ 005] der AG sind Vorstand, Aufsichtsrat und Hauptversammlung.

Kapitalkosten [⇨ 123] sind Notariatsgebühren, Kosten des Registergerichts, Kosten der Hauptversammlung, Kosten der Aktienemission, Kosten des Kapitaldienstes, Kosten der Kurssicherung, Gewinnausschüttungen, Körperschaft-, Einkommen-, Kapitalertrag-, Gewerbesteuer sowie Kosten der Prüfung und Publizierung des Jahresabschlusses.

Die AG unterliegt der **Publizitätspflicht** [⇨ 165], d. h. sie muss ihren Jahresabschluss veröffentlichen. Die Art der Rechnungslegung hängt nach §§ 266, 267 HGB von ihrer Größe ab. Zu beachten ist jedoch, dass kapitalmarktorientierte Unternehmen seit 2005 ihren Konzernabschluss nach den **Regeln der IFRS** zu erstellen haben. Die Gründung einer **Europäischen AG** ist möglich.

Aktiengesellschaft, *Organe*	Lutter/Krieger (2002); Olfert/Rahn (2008); Olfert/Reichel (2005 + 2008); Raguß (2004)	005

Die AG [⇨ 004] kann als juristische Person nicht selbst handeln. Dazu bedarf sie entsprechender Organe, die als gesetz- oder verfassungsmäßig vorgesehene **Institutionen** sind:

Vorstand	Er ist leitendes Organ der AG. Er besteht aus einer oder mehreren Personen, die vom Aufsichtsrat auf höchstens fünf Jahre bestellt werden und keine Mitglieder des Aufsichtsrats sein dürfen. Nach dem MitbestG gehört dem Vorstand bei mehr als 2.000 Arbeitnehmern ein **Arbeitsdirektor** an.
	Zu den **Aufgaben** des Vorstandes gehört es, die Geschäftsführung der AG eigenverantwortlich wahrzunehmen, die AG nach außen zu vertreten, dem Aufsichtsrat mindestens vierteljährlich Bericht zu erstatten, den Jahresabschluss und Lagebericht aufzustellen und dem Abschlussprüfer vorzulegen, die Hauptversammlung einzuberufen und ihr die Gewinnverwendung vorzuschlagen.
Aufsichtsrat	Er bestellt den Vorstand, beruft ihn ab und überwacht seine Geschäftsführung. Er besteht nach AktG aus drei Mitgliedern, die Satzung der AG kann eine höhere Zahl festlegen. Er ist berechtigt, die Bücher und Unterlagen der Gesellschaft einzusehen. Der Aufsichtsrat wird auf **vier** Jahre gewählt.
	Bei Gesellschaften, die regelmäßig über **500 bis 2.000 Arbeitnehmer** beschäftigen, ist ein Drittel der Aufsichtsratmitglieder von der Belegschaft zu wählen (BetrVG 1952). In Gesellschaften mit regelmäßig **mehr als 2.000 Arbeitnehmern** und Gesellschaften der Montanindustrie ist der Aufsichtsrat paritätisch mit Anteilseignern und Arbeitnehmern besetzt.
	In der **Montanindustrie** kommt zu den Arbeitgeber- und Arbeitnehmervertretern ein weiteres, neutrales Mitglied, um Mehrheiten zu ermöglichen. In Gesellschaften außerhalb der Montanindustrie mit regelmäßig mehr als 2.000 Arbeitnehmern entscheidet bei Stimmengleichheit die Stimme des Aufsichtsratsvorsitzenden, der aus den Reihen der Anteilseigner stammt (MontanMitbestG, MitbestG).
Hauptver-sammlung	Sie besteht aus den **Aktionären** und ist das **beschließende Organ** der Gesellschaft. Sie entscheidet z. B. über die Bestellung der Mitglieder des Aufsichtsrats, die Verwendung des Bilanzgewinns, die Entlastung der Mitglieder des Vorstands und des Aufsichtsrats, die Bestellung der Abschlussprüfer, Satzungsänderungen, Maßnahmen der Kapitalbeschaffung und der Kapitalherabsetzung, die Bestellung von Gründungs- und Sonderprüfern, die Auflösung der Gesellschaft.

Akzeptkredit	Grill/Perczynski (2002); Olfert/Reichel (2005 + 2008; Wöhe/Bilstein (2002)	006

Der Akzeptkredit ist ein Wechselkredit. Er kommt zu Stande, indem der Kunde eines Kreditinstitutes einen **Wechsel** [⇨ 192] auf das Kreditinstitut zieht, das den Wechsel akzeptiert.

Der Kunde hat den Wechselbetrag vor dem Zeitpunkt der Fälligkeit des Wechsels beim Kreditinstitut bereitzustellen, üblicherweise als Guthaben auf seinem Kontokorrentkonto. Das Kreditinstitut löst den vom Wechselinhaber vorgelegten Wechsel bei Fälligkeit zu Lasten des Kunden ein.

Der Wechselkredit ist eine **Kreditleihe**, denn das Kreditinstitut stellt keine Geldmittel zur Verfügung, sondern nur seinen guten Namen. Damit wird der Wechsel besonders marktfähig. Weil das Kreditinstitut durch sein Akzept wechselrechtlich zum Hauptschuldner wird, gewährt es den Akzeptkredit nur Kunden erster Bonität.

Für die **Verwertung** des akzeptierten Wechsels gibt es drei Möglichkeiten. Er kann:

• Einem Lieferanten zahlungshalber weitergegeben werden.
• Einem anderen Kreditinstitut zur Diskontierung vorgelegt werden.
• Vom akzeptierenden Kreditinstitut selbst diskontiert werden.

Die **Kapitalkosten** [⇨ 123] sind relativ niedrig. Sie umfassen die Akzeptprovision (1,5 bis 2,5 % p. a.) und die Bearbeitungsgebühren (ca. 0,5 % p. a.). Bei Diskontierung kommen der Diskont(betrag) und die Diskontspesen als zusätzliche Kapitalkosten hinzu. Zinsen [⇨ 200] fallen nicht an, weil Geldmittel nicht zur Verfügung gestellt werden.

Die **Sicherung** des Akzeptkredits liegt besonders in den wechselrechtlichen Vorschriften, die sich im Wechselgesetz (WG) finden.

Amortisationsvergleichsrechnung	Blohm/Lüder/Schäfer (2005); Däumler (2003); Olfert/Reichel (2006a + b)	007

Die Amortisationsvergleichsrechnung ist eine statische Investitionsrechnung [⇨ 112], die auch als **Payback-Methode, Pay-off-Methode** oder **Kapitalrückfluss-Methode** bezeichnet wird.

Die Vorteilhaftigkeit einer Investition wird an der **Amortisationszeit** gemessen. Das ist der Zeitraum, innerhalb dessen das für ein Investitionsobjekt eingesetzte Kapital [⇨ 114] wieder in das Unternehmen zurückgeflossen ist. Sie wird auch als **Wiedergewinnungszeit** bezeichnet und kann wie folgt berechnet werden:

$$t_w = \frac{A - RW}{\text{Durchschnittlicher Rückfluss}}$$

t_w = Amortisationszeit (Jahre)
A = Kapitaleinsatz (€)
RW = Restwert (€)

wobei:

$$\text{Durchschnittlicher Rückfluss} = \text{Durchschnittlicher jährlicher Gewinn} + \text{Jährliche Abschreibungen}$$

Mithilfe der Amortisationsvergleichsrechnung kann die Vorteilhaftigkeit eines **einzelnen Investitionsobjektes** beurteilt werden. Sie ist gegeben, wenn es über die betrieblich festgelegte maximale Amortisationszeit nicht hinausgeht. Außerdem lassen sich die Vorteilhaftigkeit **alternativer Investitionsobjekte** [⇨ 008] sowie des **Ersatzes** eines alten durch ein neues Investitionsobjekt [⇨ 009] beurteilen.

Für eine Beurteilung der Wirtschaftlichkeit von Investitionsobjekten ist die Amortisationsvergleichsrechnung grundsätzlich nicht geeignet. Lediglich wenn die Nutzungsdauer des Investitionsobjektes unter der Amortisationszeit des Investitionsobjektes liegt, kann eine mangelnde Wirtschaftlichkeit des Investitionsobjektes erkannt werden.

Amortisationsvergleichsrechnung, *Auswahlproblem*	Blohm/Lüder/Schäfer (2005); Däumler (2003); Olfert/Reichel (2006a + b)	008

Das Auswahlproblem ist gegeben, wenn mehrere alternative Investitionsobjekte vorhanden sind, von denen das vorteilhaftere bzw. vorteilhafteste zu bestimmen ist.

Bei seiner Lösung mithilfe der Amortisationsvergleichsrechnung stellt sich für Erweiterungsinvestitionen die Frage des durch die Investitionsalternativen **zusätzlich erzielbaren Gewinnes** und **zusätzlich anfallender Abschreibungen**.

Als **Durchschnittsrechnung** ergibt sich für ein Unternehmen unter Annnahme der ausgewiesenen Daten:

		Investitions-objekt I	Investitions-objekt II
Anschaffungskosten	€	100.000	150.000
Restwert	€	0	0
Nutzungsdauer	Jahre	5	5
Abschreibungen	€/Jahr	20.000	30.000
Gewinn	€/Jahr	28.000	36.000
Rückfluss	€/Jahr	**48.000**	**66.000**

$$t_{wI} = \frac{100.000}{28.000 + 20.000} = \textbf{2,08 Jahre}$$

$$t_{wII} = \frac{150.000}{36.000 + 30.000} = \textbf{2,27 Jahre}$$

Bei einer vom Unternehmen geforderten Amortisationszeit von 3 Jahren ist das Investitionsobjekt I ist dem Investitionsobjekt II vorzuziehen, da es eine kürzere Amortisationszeit aufweist.

Die Amortisationsvergleichsrechnung kann auch als **Kumulationsrechnung** durchgeführt werden, die gegenüber der Durchschnittsrechnung den Vorteil hat, dass die durchschnittlich jährlichen Rückflüsse nicht durch einen einzigen Betrag ausgewiesen, sondern die geschätzten Rückflüsse für die einzelnen Jahre getrennt erfasst werden.

Bei ihr werden die jährlichen Rückflüsse während der Nutzungsdauer so lange kumuliert, bis der Wert des Kapitaleinsatzes erreicht ist.

Amortisationsvergleichsrechnung, Ersatzproblem	Blohm/Lüder/Schäfer (2005); Däumler (2003); Olfert/Reichel (2006a + b)	009

Beim Ersatzproblem geht es um die Frage, ob und wann es vorteilhaft ist, ein in Nutzung befindliches, technisch weiter verwendbares Investitionsobjekt durch ein neues Investitionsobjekt zu ersetzen.

Bei der Lösung des Ersatzproblems wird der durchschnittliche jährliche Gewinn als durchschnittliche jährliche **Kostenersparnis** interpretiert. Zu diesem Zweck muss die Gleichung zur Berechnung der Amortisationszeit entsprechend abgewandelt werden:

$$\text{Amortisationszeit} = \frac{\text{Zusätzlicher Kapitaleinsatz}}{\text{Ersparte Kosten} + \text{Zusätzliche Abschreibungen}}$$

Die **kalkulatorischen Zinsen** in Höhe des die Fremdkapitalzinsen übersteigenden Betrages müssen in den Nenner des Bruches aufgenommen werden, sofern sie bei der Kostenermittlung berechnet wurden, wobei ein Restwert vom zusätzlichen Kapitaleinsatz abzuziehen ist.

$$\text{Amortisationszeit} = \frac{\text{Zusätzlicher Kapitaleinsatz}}{\text{Ersparte Kosten} + \text{Über Fremdkapitalzinsen hinaus verrechnete kalkulatorische Zinsen} + \text{Zusätzliche Abschreibungen}}$$

Betragen die Anschaffungskosten für ein neues Investitionsobjekt 160.000 €, ist es 6 Jahre nutzbar und führt es zu einer jährlichen Kostenersparnis von 18.000 €, ergibt sich bei einem Restwert von 10.000 € als Amortisationszeit:

$$t_w = \frac{160.000 - 10.000}{18.000 + 25.000} = \textbf{3,49 Jahre}$$

Anlagevermögen	Coenenberg (2005); Ditges/Arendt (2007a+b); Eisele (2002); Grefe (2006)	010

Das Anlagevermögen umfasst alle diejenigen Vermögensgegenstände, die dazu bestimmt sind, dem Geschäftsbetrieb **dauernd** zu dienen (§ 247 Abs. 2 HGB). Welche Vermögensgegenstände dazu zu rechnen sind, ergibt sich nicht aus der Natur, sondern der Zweckbestimmung des jeweiligen Vermögensgegenstandes. Das Anlagevermögen wird auf der **Aktiv-Seite** der Bilanz [⇨ 022] ausgewiesen und unterliegt nach § 266 Abs. 2 HGB ebenso wie nach **IFRS** folgender Gliederung:

I. Immaterielle Vermögensgegenstände
  1. Konzessionen, gewerbliche Schutzrechte und ähnliche Rechte und Werte sowie Lizenzen an solchen Rechten und Werten
  2. Geschäfts- oder Firmenwert [⇨ 067]
  3. Geleistete Anzahlungen

II. Sachanlagen
  1. Grundstücke, grundstücksgleiche Rechte und Bauten einschließlich der Bauten auf fremden Grundstücken
  2. Technische Anlagen und Maschinen
  3. Andere Anlagen, Betriebs- und Geschäftsausstattung
  4. Geleistete Anzahlungen und Anlagen im Bau

III. Finanzanlagen
  1. Anteile an verbundenen Unternehmen
  2. Ausleihungen an verbundene Unternehmen
  3. Beteiligungen
  4. Ausleihungen an Unternehmen, mit denen ein Beteiligungsverhältnis besteht
  5. Wertpapiere des Anlagevermögens
  6. Sonstige Ausleihungen

Teile des Anlagevermögens werden in der **Anlagenbuchhaltung** dokumentiert. Die Höhe des Wertes, der dem Anlagevermögen beigemessen wird, ergibt sich durch seine Bewertung.

Anleihe	*Grill/Perczynski (2002); Obst/Hintner (2000); Olfert/Reichel (2006a + b)*	**011**

Die Anleihe ist ein Darlehen, das Unternehmen durch die Ausgabe von **Teilschuldverschreibungen** an ein breites Publikum gewährt wird. Sie stellt eine Form der langfristigen Fremdfinanzierung [⇨ 070] dar und wird auch als **Schuldverschreibung** oder **Obligation** bezeichnet. Traditionelle **Arten** der Anleihe sind:

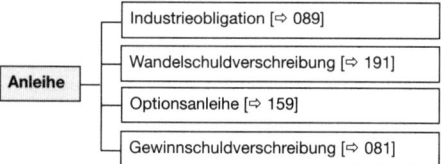

Außerdem haben sich in jüngerer Zeit entwickelt:

- Die **Nullkupon-Anleihe** (Zero-Bond), bei der während der Laufzeit keine Zinszahlungen erfolgen. Sie wird mit einem Disagio ausgegeben und zum Nennwert getilgt.

- Die **Zuwachsanleihe**, die zum Nennwert ausgegeben wird. Die Rückzahlung (einschließlich Zinsen) erfolgt dann zu einem entsprechend hoch über dem Nennwert liegenden Betrag.

- Die **Anleihe mit variablen Zinssätzen**, bei der alle 3 oder 6 Monate eine Zinsanpassung erfolgt. Sie orientiert sich an den Sätzen des Interbanken-Geldmarktes, wobei ein Zinsaufschlag von mindestens 0,125 % erfolgt.

- Die **Doppelwährungsanleihe**, deren Emission (Erstausgabe) und Rückzahlung in jeweils unterschiedlichen Währungen erfolgen. Ihre Effektivverzinsung ergibt sich aus Zinsunterschieden und Kursentwicklungen beider Währungen.

Annuitätenmethode	*Däumler (2003); Götze (2005); Kruschwitz (2004); Olfert/Reichel (2006a + b)*	**012**

Die Annuitätenmethode ist eine dynamische Investitionsrechnung [⇨ 111], bei der die Annuität von Investitionen als Maßstab der Vorteilhaftigkeit gilt. Sie bezieht sich auf den **Periodenerfolg**, indem sie die durchschnittlichen jährlichen Einzahlungen den durchschnittlichen jährlichen Auszahlungen gegenüberstellt.

Die Einzahlungen und Auszahlungen aus Investitionsobjekten werden in zwei äquivalente und uniforme Reihen umgerechnet, wobei – wie bei der Kapitalwertmethode [⇨ 125] – eine **Diskontierung** auf den Bezugszeitpunkt vorgenommen wird. Die auf diese Weise ermittelten Barwerte werden danach in gleiche jährliche Überschüsse – die **Annuitäten** – aufgeteilt, indem sie mit dem Kapitalwiedergewinnungsfaktor multipliziert werden.

Für im Zeitablauf unterschiedlich hohe jährliche Überschüsse gilt:

$$d = C_0 \cdot \frac{q^n(q-1)}{q^n - 1}$$

d = Annuität (€/Jahr)

C_0 = Kapitalwert (€)

$\dfrac{q^n(q-1)}{q^n - 1}$ = Kapitalwiedergewinnungsfaktor

Mithilfe der Annuitätenmethode kann die Vorteilhaftigkeit eines **einzelnen Investitionsobjektes** beurteilt werden, die gegeben ist, wenn die Annuität größer oder gleich Null ist.

Außerdem lassen sich die Vorteilhaftigkeit **alternativer Investitionsobjekte** [⇨ 013], sowie der **optimale Ersatzzeitpunkt** eines alten Investitionsobjektes durch ein neues Investitionsobjekt beurteilen, was allerdings problematisch ist, weil dabei unterstellt wird, dass das neue Investitionsobjekt nach Ablauf seiner Nutzungsdauer jeweils identisch ersetzt wird.

Annuitätenmethode, *Auswahlproblem*	Götze (2005); Kruschwitz (2005); Olfert/Reichel (2006 a+b); Rolfes (2003)	013

Das Auswahlproblem stellt sich, wenn mehrere alternative Investitionsobjekte vorhanden sind, von denen das vorteilhaftere bzw. vorteilhafteste zu bestimmen ist, also dasjenige mit der höheren bzw. höchsten Annuität.

Steht z. B. ein Investitionsobjekt I mit einem Anschaffungswert von 62.000 € und ein Investitionsobjekt II mit einem Anschaffungswert von 70.000 € zur Auswahl, die beide 4 Jahre nutzbar sind und keinen Liquidationserlös erbringen, ergibt sich bei unterschiedlichen Überschüssen (siehe Tabelle) und einem Kalkulationszinssatz von 10 %:

Jahr	Abzinsungs-faktor	Investitionsobjekt I		Investitionsobjekt II	
		Überschuss	Barwert	Überschuss	Barwert
1	0,909091	18.000	16.364	18.000	16.364
2	0,826446	25.000	20.661	30.000	24.793
3	0,751315	25.000	18.783	30.000	22.539
4	0,683013	20.000	13.660	25.000	17.075
= Summe			69.468		80.771
– Anschaffungswert			62.000		70.000
= Kapitalwert			7.468		**10.771**

$$d = C_o \cdot \frac{q^n (q - 1)}{q^n - 1}$$

$d_I = 7.468 \cdot 0,315471 = \mathbf{2.356 \ €/Jahr}$
$d_{II} = 10.771 \cdot 0,315471 = \mathbf{3.398 \ €/Jahr}$

Das Investitionsobjekt II ist somit das vorteilhaftere, da es eine um 1.043 € höhere Annuität erzielt.

Bei der Annuitätenmethode kann auf den Ansatz von **Differenzinvestitionen** verzichtet werden, wenn die Anschaffungswerte alternativer Investitionsobjekte voneinander abweichen. Unterschiedliche **Nutzungsdauern** alternativer Investitionsobjekte sind allerdings zur Gewinnung aussagekräftiger Ergebnisse der Annuitätenmethoden anzugleichen.

Asset-Backed Securities	Bär (2000); Paul (2001); Bund (2000); Olfert/Reichel (2008)	014

Die Finanzierung über neu geschaffene Wertpapiere, die Rechte und Zahlungsansprüche verbriefen, wird als Securitization bezeichnet. Sie kann mithilfe von **Certificates of Deposit** erfolgen, die handelbare, marktfähige Quittungen von Termineinlagen bei Kreditinstituten darstellen und kurzfristigen Charakter aufweisen.

Eine weitere Form stellt die **Verbriefung von Forderungsansprüchen** dar, wobei Wertpapiere (Securities) geschaffen werden, deren Besicherung (Backed) über Finanzaktiva in Form von Forderungsansprüchen (Assets) aus Lieferung und Leistung erfolgt.

Als Verbriefungsformen der Forderungen sind zwei **Konzepte** zu unterscheiden:

• Das **Konzept der Fondszertifikate**, bei dem Investoren Anteile am Vermögen des Forderungspools (Fondszertifikate) kaufen. Zins- und Tilgungszahlungen werden unverändert an den Investor weitergeleitet. Damit ist die Laufzeit des Investments nicht planbar, wodurch dem Investor ein Risiko der vorzeitigen Tilgung (Prepayment Risk) entsteht.

• Das **Anleihekonzept**, mit dem das Problem vorzeitiger Tilgung gelöst wird, denn durch die Emission von Schuldverschreibungen werden feste Zins- und Tilgungsraten garantiert.

Das geschieht durch die Zwischenschaltung von Finanzinstituten, die dieses Auszahlungsmanagement übernehmen, was allerdings die Kapitalkosten [⇨ 123] erhöht.

Im Gegensatz zum Factoring [⇨ 047] nutzt diese Form der Finanzierung den gesamten Kapitalmarkt zur Refinanzierung der Forderungshergabe. Dies geschieht durch die Weitergabe der Ansprüche durch den Forderungsverkäufer an einen Forderungspool, der Wertpapiere zur Refinanzierung der die Forderungen einreichenden Unternehmen emittiert.

Außenhandelskredit	*Grill/Perczynksi (2002); Jahrmann (2007); Olfert/Reichel (2005 + 2008)*	**015**

Der Außenhandelskredit dient der Finanzierung des Außenwirtschaftsverkehrs. Er wird Importeuren und Exporteuren im Rahmen der kurz- [⇨ 071] bis langfristigen [⇨ 072] **Fremdfinanzierung** gewährt. Kreditgeber sind die Kreditinstitute sowie insbesondere die *KfW Bankengruppe (KfW)* und die *Ausfuhrkredit-Gesellschaft (AKA)*, weshalb unterschieden werden können:

- **AKA-Kredite** werden von der *Ausfuhrkredit-Gesellschaft mbH* als Zusammenschluss von über 50 am Export interessierten Banken unter Führung der *Deutschen Bank AG* bereitgestellt. Die AKA bietet drei **Kreditlinien** zur Finanzierung von Exportgeschäften. Die Plafonds A und B dienen dem Exporteur und damit der **Herstellerfinanzierung**. Der Plafonds C wird dem Importeur gewährt und ist eine **Bestellerfinanzierung**.

- **KfW-Kredite** werden von der *KfW Bankengruppe* (früher *Kreditanstalt für Wiederaufbau/Deutsche Ausgleichsbank*) als einer Anstalt des öffentlichen Rechts vergeben. Sie hat folgende Aufgaben:

  - ▸ Die Realisierung von öffentlichen Aufträgen z. B. Förderung des Mittelstands
  - ▸ Die Gewährung von Investitionskrediten an kleine und mittlere Unternehmen
  - ▸ Die Finanzierung von Infrastrukturvorhaben und Wohnungsbau

Beide Institute unterscheiden bei Exportgeschäften als **Kredite**:

Besteller-kredit	Er ist ein **an den ausländischen Importeur** gewährter Kredit, der an Lieferungen und Leistungen eines deutschen Exporteurs gebunden ist. Der Importeur kann somit zum Zahlungstermin bezahlen, gleichzeitig wird der Exporteur von langfristigen Exportforderungen entlastet. Die Auszahlung kann nur direkt an den deutschen Exporteur erfolgen.
Exporteur-kredit	Er ist ein Kredit **an den deutschen Exporteur**. Da schon vor dem Zahlungseingang Aufwendungen (für ein bestimmtes Exportgeschäft) entstanden sind, kann sich der Exporteur während der Fertigung und Lieferzeit sowie der Kreditperiode (Zielgewährung an den Importeur) refinanzieren.

Avalkredit	*Däumler (2003); Kruschwitz (2005); Olfert/Reichel (2005 + 2008)*	**016**

Bei einem Avalkredit (§§ 765-778 BGB i. V. mit §§ 349-351 HGB) übernimmt ein Kreditinstitut die Haftung für die Verbindlichkeiten eines Kunden gegenüber einem Dritten in der Form einer Bürgschaft [⇨ 029] oder Garantie. Es wird eine **Kreditleihe** gewährt, denn das Kreditinstitut stellt kein Geld zur Verfügung, sondern lediglich seine Kreditwürdigkeit. Der Kreis möglicher Kreditnehmer ist deshalb auf **Kunden erster Bonität** beschränkt.

Für das Kreditinstitut entsteht mit der Bereitstellung eines Avalkredites eine **Eventualverbindlichkeit**, die nur dann zu einer Verbindlichkeit wird, wenn der Kreditnehmer seine Leistungen gegenüber dem Dritten nicht erbringt.

Der Avalkredit ist ein **kurzfristiger Kredit**, der dort seine praktische Anwendung findet, wo eine Sicherheit [⇨ 183] zu stellen ist, ohne dass der Dritte darauf angewiesen sein will, selbst eingehende Kreditwürdigkeitsprüfungen [⇨ 137] vorzunehmen. Als **Arten** des Avalkredites lassen sich vor allem unterscheiden:

- **Zollbürgschaft**, die eine Bürgschaft [⇨ 029] für eine Zollschuld darstellt.
- **Frachtstundungsbürgschaft**, die sich auf die Stundung von Forderungen bezieht.
- **Bietungsgarantie**, z. B. als Bankgarantie auch im Rahmen von Auslandsausschreibungen.
- **Anzahlungsgarantie**, die den Empfänger einer Anzahlung zur Rückzahlung verpflichtet.
- **Gewährleistungsgarantie**, die einem Garantienehmer mehr Sicherheit bringt.
- **Leistungsgarantie**, z. B. die Zahlung einer Konventionalstrafe bei nicht ordnungsgemäß erbrachter Leistung durch das Kreditinstitut. Sie beträgt 5 % bis 10 % des Auftragswertes.

Die **Kapitalkosten** [⇨ 123], die durch die Inanspruchnahme des Avalkredites entstehen, fallen in Form der Avalprovision an, die an das Kreditinstitut – meist quartalsweise im Voraus – zu entrichten ist, und zwischen 1 % und 2,5 % p.a. beträgt.

Der Barwert einer Einzahlung oder Auszahlung ist der Wert, der sich durch **Abzinsung** ergibt. Mit seiner Hilfe kann festgestellt werden, welchen Wert eine oder mehrere während einer Betrachtungsperiode geleistete Zahlung(en) zu Beginn der Betrachtungsperiode haben.

Die **Zahlungen** können erfolgen als:

- **Einmalige Zahlung** zum Ende der Periode

$$K_o = K_n \cdot \frac{1}{q^n}$$ oder $$K_o = K_n \cdot \frac{1}{(1+i)^n}$$

K_o	= Barwert (€)
K_n	= Kapital am Ende des n-ten Jahres (€)
$\frac{1}{q^n}$	= Abzinsungsfaktor
i	= Kalkulationszinssatz (%)

Beispiel: Ein Betrag von 10.000 €, der am Ende des fünften Jahres zur Verfügung steht, hat bei einem Zinssatz von 5 % zu Beginn der Vergleichsperiode den Wert K_o = 10.000 · 0,783526 = **7.835,26 €**.

- **Mehrmalige Zahlung** gleich hoher Beträge zu den Periodenenden

$$K_o = e \cdot \frac{q^n - 1}{q^n(q-1)}$$ oder $$K_o = e \cdot \frac{(1+i)^n - 1}{i(1+i)^n}$$

K_o	= Barwert (€)
e	= Einzahlungen (€/Jahr)
$\frac{q^n - 1}{q^n(q-1)}$	= Barwertfaktor/Diskontierungsfaktor/Abzinsungssummenfaktor/Kapitalisierungsfaktor
i	= Kalkulationszinssatz (%)

Beispiel: Anstelle 10 Jahre lang 1.200 € pro Jahr zu zahlen, kann Cordula Kuntze bei einem Zinssatz von 8 % zu Beginn des Betrachtungszeitraumes eine Zahlung von K_o = 1.200 · 6,710081 = **8.052,10 €** leisten.

Der Barwert wird auch **Gegenwartswert** genannt.

Basel II umfasst die Gesamtheit der Vereinbarungen des Basler Ausschusses für Bankaufsicht *(Basel Committee on Banking Supervision)* über die Eigenkapitalausstattung der Kreditinstitute. Diese Vereinbarungen werden auch **Baseler Akkord** genannt.

Die Regulierung von nationalen und internationalen **Bankkrediten** erfolgt durch das Unterlegen von Bankkrediten mit Eigenkapital der Kreditinstitute. Da ausfallende Kredite [⇨ 136] zu **Bankkrisen** führen können, wird mit der Vergabebeschränkung von Bankkrediten auf den Schutz der **Einlagen** der Bankkunden sowie auf die **Stabilisierung** des Bankensystems und der internationalen **Finanzmärkte** gezielt. Mit Basel II werden zwei **Zielrichtungen** verfolgt:

- Weiterentwicklung der Anforderungen an das Mindestkapital
- Fortentwicklung des Prozesses der bankaufsichtlichen Überprüfung
- Stärkung der Marktdisziplin durch erweiterte Anforderungen an die Publizität.

Diese Regelungen sollten ab Ende 2006 der Verringerung von **Risiken** im Kreditgeschäft und der Verbesserung der Eigenkapitalvorsorge von Kreditinstituten in der Europäischen Union dienen. Je höher das Risiko des Kreditnehmers ist, desto höher muss der Eigenkapitalanteil der Kreditinstitute bei der Kreditvergabe sein. Bei ihr spielt die Kreditwürdigkeitsprüfung [⇨ 137] eine große Rolle, bei der das in den USA entwickelte **Rating** [⇨ 166] Anwendung findet.

Die Umsetzung in das deutsche Recht wird durch die »Mindestanforderungen an das Risikomanagement« (MaRisk) sowie durch die Solvabilitätsverordnung (SolvV) erfolgen.

Der Prozess der Überprüfung erfordert bei Banken und Wertpapierfirmen entsprechende Systeme des **Risikomanagements** sowie deren Überwachung durch eine Aufsichtsbehörde. Diese Bankenaufsicht kontrolliert und beurteilt die Einhaltung der Anforderungen an Methodik und Offenlegung.

| Beteiligungsfinanzierung | Drukarczyk (2003); Olfert/Reichel (2003); Perridon/Steiner (2006); Wöhe/Bilstein (2002) | **019** |

Bei der Beteiligungsfinanzierung wird einem Unternehmen von außen Eigenkapital [⇨ 039] zugeführt. Sie ist eine **Außenfinanzierung** und kann durch bisherige oder neue Gesellschafter mithilfe von Geldeinlagen, Sacheinlagen und dem Einbringen von Rechten erfolgen. Sie wird auch **Einlagenfinanzierung** genannt. Die Beteiligungsfinanzierung erfolgt bei den einzelnen **Rechtsformen** [⇨ 169] auf unterschiedliche Weise:

- **Einzelunternehmen**, **OHG** [⇨ 158], **KG** [⇨ 129], **Stille Gesellschaft** [⇨ 184], **GdbR** [⇨ 078] und **GmbH** [⇨ 079] sind nicht emissionsfähig. Sie haben keinen Zugang zu einem organisierten »Eigen«Kapitalmarkt. Ihre Geschäftsanteile haben nur geringe Fungibilität, sie lassen sich nicht oder schwer weiterveräußern. Außerdem ist das Anlagerisiko mitunter schwer zu beurteilen.

- **AG** [⇨ 004] und **KGaA** [⇨ 130] sind emissionsfähig. Mit der Börse verfügen sie über einen organisierten »Eigen«Kapitalmarkt, ihre Geschäftsanteile weisen eine hohe Fungibilität auf. Vorteile liegen zudem darin, dass das Eigenkapital in kleine Teilbeträge aufgeteilt ist, die Beteiligung also auch mit geringem Kapital [⇨ 114] möglich ist.

Die **Vorteilhaftigkeit** einer Beteiligungsfinanzierung für ein kapitalsuchendes Unternehmen wie auch für Kapitalgeber kann anhand folgender Kriterien beurteilt werden:

- Kapitalkosten [⇨ 123]
- Rechte der Gesellschafter
- Pflichten der Gesellschafter.

Die einzelnen **Rechtsformen** [⇨ 169] unterliegen unterschiedlichen rechtlichen Regelungen.

| Bewegungsbilanz | Coenenberg (2005); Ditges/Arendt (2007a+b); Perridon/Steiner (2006) | **020** |

Die Bewegungsbilanz ergibt sich aus der Gegenüberstellung von zwei aufeinander folgenden Bilanzen [⇨ 022]. Als zeitraumbezogenes Instrument ermöglicht sie es, Aufschlüsse über den Fluss der finanziellen Mittel eines Unternehmens zu erlangen. Sie wird im Rahmen der **dynamischen Liquiditätsanalyse** [⇨ 147] eingesetzt, kann aber auch dazu dienen, Aussagen über das gesamte Finanzgebahren des Unternehmens vorzunehmen.

Grundsätzlich ergeben sich zwischen zwei Bilanzierungsstichtagen folgende **Bewegungen**:

- Die **Aktivposten** können zunehmen, z. B. durch die Anschaffung einer Maschine, und die **Passivposten** können abnehmen, z. B. durch die Rückzahlung eines Kredites [⇨ 136]. In beiden Fällen handelt es sich um die **Verwendung** von Mitteln.

- Um Mittel verwenden zu können, ist es notwendig, sie verfügbar zu haben. Ihre **Herkunft** kann sich aus der Abnahme von **Aktivposten**, z. B. durch Verringerung des Bankguthabens, und aus der Zunahme von **Passivposten** resultieren, z. B. durch Aufnahme eines Kredites.

In der Bewegungsbilanz werden alle Aktivmehrungen und Passivminderungen als **Mittelverwendung** den gesamten Aktivminderungen und Passivmehrungen als **Mittelherkunft** gegenübergestellt:

Die Mittelverwendung und die Mittelherkunft müssen sich entsprechen, da jede Verwendung einer Herkunft von Mitteln bedarf. Je nach Aussagezweck der Bewegungsbilanz ergibt sich eine unterschiedliche vertiefte Gliederung der Bilanzposten. Eine Weiterentwicklung der Bewegungsbilanz ist die **Kapitalflussrechnung** [⇨ 119].

Bewegungsbilanz	
Mittelverwendung	Mittelherkunft
Aktivmehrungen Passivminderungen	Aktivminderungen Passivmehrungen

Bezugsrecht	Däumler (2002); Grill/Perczynski (2002); Jahrmann (2003); Olfert/Reichel (2005 + 2008)	021

Das Bezugsrecht ist das gesetzlich verbriefte Recht des Aktionärs auf den Bezug neuer Aktien [⇨ 001], das bei einer ordentlichen Kapitalerhöhung [⇨ 118] von Bedeutung ist (§ 186 AktG).

Gründe für eine Gewährung des Bezugsrechts sind:

* Das Bezugsrecht soll sicherstellen, dass eine Veränderung im **Verhältnis der Stimmrechte** nicht die zwangsläufige Folge einer ordentlichen Kapitalerhöhung ist.

* **Vermögensnachteile** sollen ausgeglichen werden, die den bisherigen Aktionären entstehen würden, wenn die neuen Aktien unter dem Bilanzkurs oder Börsenkurs [⇨ 028] ausgegeben werden, was als Anreiz zur Zeichnung neuer Aktien üblich ist.

Das Bezugsrecht kann als **rechnerischer Wert** ermittelt werden, der auf dem Bezugsverhältnis, dem Börsenkurs und dem Bezugskurs beruht:

$$B = \frac{K_a - K_n}{\frac{a}{n} + 1}$$

B = Bezugsrecht
K_a = Kurs der alten Aktien = Börsenkurs
K_n = Kurs der neuen Aktien = Bezugskurs
a = Anzahl der alten Aktien
n = Anzahl der neuen Aktien

Der **tatsächliche Wert** des Bezugsrechts ergibt sich nicht rechnerisch, sondern entsteht an der Börse aus Angebot und Nachfrage.

Bezugsrechte von Aktien werden an der **Börse** gehandelt und selbstständig notiert. Damit können Altaktionäre ihre Bezugsrechte nicht nur selbst nutzen, sondern sie auch verkaufen.

Bilanz	Adler/Düring/Schmaltz (2002); Coenenberg (2005); Ditges/Arendt (2007a+b); Grefe (2006)	022

Die Bilanz ist, betriebswirtschaftlich gesehen, die Gegenüberstellung des Vermögens auf der Aktivseite und des Kapitals [⇨ 114] auf der Passivseite zu einem bestimmten Zeitpunkt.

Während für Einzelunternehmen und Personengesellschaften [⇨ 161] im HGB keine Detailvorschriften zur Bilanzgliederung existieren, gibt es für Kapitalgesellschaften [⇨ 120] nach **HGB** zwingende Regelungen (§§ 265, 266 und 268 ff. HGB), die nach **IFRS** nicht vorzufinden sind.

Aktiva	Bilanz zum ...	Passiva

A. Anlagevermögen [⇨ 010]
  I. Immaterielle Vermögensgegenstände
  II. Sachanlagen
  III. Finanzanlagen
 	
B. Umlaufvermögen [⇨ 188]
  I. Vorräte
  II. Forderungen und sonstige Vermögensgegenstände
  III. Wertpapiere
  IV. Kassenbestand, Bundesbankguthaben, Guthaben bei Kreditinstituten und Schecks
 	
C. Rechnungsabgrenzungsposten
		A. Eigenkapital [⇨ 039]
		  I. Gezeichnetes Kapital
		  II. Kapitalrücklage
		  III. Gewinnrücklagen
		  IV. Gewinnvortrag/Verlustvortrag
		  V. Jahresüberschuss/Jahresfehlbetrag
		
		B. Rückstellungen [⇨ 177]
		
		C. Verbindlichkeiten
		
		D. Rechnungsabgrenzungsposten

In § 265 Abs. 5 HGB ist die Möglichkeit **freiwilliger Erweiterung** der Bilanzgliederung vorgesehen. Dazu kommen noch **Sonderposten** der Aktivseite, z. B. ausstehende Einlagen (§ 272 Abs. 1 Satz 2 HGB) und der Passiv-Seite, z. B. Sonderposten mit Rücklageanteil oder steuerfreie Rücklagen (§ 247 Abs. 3 HGB).

| Bilanzanalyse | Ditges/Arendt (2007a); Küting/Weber (2006a); Langenbeck (2007); Olfert/Reichel (2008) | **023** |

Die Bilanzanalyse ist die kritische Beurteilung und wirtschaftliche Auswertung von Bilanzen [⇨ 022], einschließlich der dazugehörigen GuV-Rechnungen sowie – bei publizitätspflichtigen Unternehmen – der Lageberichte. Sie wird zweckmäßigerweise durchgeführt als:

- **Objektvergleich** durch Gegenüberstellung der Daten ähnlich strukturierter Unternehmen.

- **Zeitvergleich** durch Vergleich der Daten eines Unternehmens über mehrere aufeinander folgende Perioden hinweg.

Bilanzanalyse
- Interne Bilanzanalyse [⇨ 025]
- Externe Bilanzanalyse [⇨ 024]
- Materielle Bilanzanalyse [⇨ 026]
- Formelle Bilanzanalyse

Mithilfe der Bilanzanalyse können mehrere **Ziele** verfolgt werden:

Informations-verdichtung	Tatsachen und Zusammenhänge, die der Jahresabschluss nicht unmittelbar aufzeigt, sollen sichtbar gemacht werden, z. B. durch Bildung von Kennzahlen [⇨ 127].
Wahrheits-findung	Einen »wahren« Jahresabschluss kann es nicht geben. Es kann aber versucht werden, ▶ das wahre Periodenergebnis festzustellen, indem Scheingewinne vom ausgewiesenen Periodenergebnis abgezogen werden, ▶ die tatsächlich vorhandenen Vermögenswerte zu ermitteln, indem zu den ausgewiesenen Vermögenswerten stille Reserven hinzugerechnet werden.
Urteils-bildung	Der Jahresabschluss als monetäres Ergebnis der während eines Abrechnungszeitraumes getroffenen Entscheidungen kann dazu dienen, diese Entscheidungen wertend zu beurteilen.
Entscheidungs-findung	Die Erkenntnisse aus der Bilanzanalyse können dazu verwendet werden, künftige Entscheidungsprozesse zu lenken bzw. zu beeinflussen.

| Bilanzanalyse, *externe* | Ditges/Arendt (2007a); Gräfer (2005); Küting/ Weber (2006); Schult (2003) | **024** |

Die externe Bilanzanalyse wird außerhalb der bilanzierenden Unternehmen auf der Grundlage der von ihnen für bestimmte Zwecke zur Verfügung gestellten oder veröffentlichten Bilanzen [⇨ 022] einschließlich GuV-Rechnungen, Anhang und ggf. Lageberichten durchgeführt.

Voraussetzung für eine aussagefähige externe Bilanzanalyse ist, dass der Bilanzanalytiker die Besonderheiten des zu analysierenden Unternehmens weitgehend kennt oder in Erfahrung bringt, da Eigenarten des Unternehmens in der Bilanz ihren Niederschlag finden. **Probleme** der externen Bilanzanalyse sind:

- Die **beschränkte Aussagefähigkeit** der veröffentlichten Bilanz, die Informationslücken hat. So gibt sie z. B. keine Auskunft darüber,

  ▶ welche Kreditlinien existieren
  ▶ inwieweit kurzfristige Kredite revolvierend nutzbar sind
  ▶ inwieweit Reparaturen oder außerplanmäßige Abschreibungen unterlassen wurden.

  Ebenso ist nicht ersichtlich, welche Vermögensgegenstände zur Fortführung der Leistungserstellung nicht notwendig sind, auf die aber bei starker Liquiditätsanspannung zurückgegriffen werden kann. Auch fehlen Angaben über am Bilanzstichtag rechtlich fixierte Forderungen und Verbindlichkeiten aus schwebenden Geschäften.

- Der **Veröffentlichungszeitpunkt**, denn nach dem AktG muss die Hauptversammlung innerhalb 8 Monaten nach Ende des Geschäftsjahres stattfinden (§ 175 Abs. 1 AktG), erst danach kann der Jahresabschluss offengelegt bzw. veröffentlicht werden.

- Die **Erleichterungen**, die mittelgroßen und kleinen Kapitalgesellschaften [⇨ 120] eingeräumt werden und die Vergleiche mit den großen Kapitalgesellschaften erschweren.

Bilanzanalyse, *interne*	Coenenberg (2005); Ditges/Arendt (2007a+b); Langenbeck (2007); Schult (2003)	**025**

Die interne Bilanzanalyse wird innerhalb eines Unternehmens erstellt und dient zur Information der Unternehmensleitung. Ihr **Ziel** ist es, ein realistisches Bild von der wirtschaftlichen Lage des Unternehmens zu vermitteln. Um dies wirksam zu erreichen, ist es vielfach zweckmäßig, die zu Grunde liegende Bilanz [⇨ 022]

- nicht aufgrund von handels- und/oder steuerrechtlichen Vorschriften
- sondern unter betriebswirtschaftlichen Gesichtspunkten zu erstellen.

Ansonsten bezieht sich die interne Bilanzanalyse meistens auf die **Steuerbilanz**, während die externe Bilanzanalyse sich an der Handelsbilanz orientiert.

Die interne Bilanzanalyse wird von Mitarbeitern oder von Beratern des Unternehmens, z. B. Unternehmensberatern, Steuerberatern oder Wirtschaftsprüfern, durchgeführt. Ihr **Vorteil** ist, dass ihnen nicht nur die im Jahresabschluss publizierten Daten zur Verfügung stehen, sondern auch das gesamte im Unternehmen vorhandene Zahlenmaterial, insbesondere aus dem Rechnungswesen. Damit wird für den Unterschied zwischen interner und externer Bilanzanalyse weniger der Standort des Analytikers bedeutsam, sondern das für ihn verfügbare Material.

Da bei der internen Bilanzanalyse außer der Bilanz einschließlich GuV-Rechnung und – soweit vorhanden – dem Lagebericht auch andere Daten eines Unternehmens verarbeitet werden, kann anstelle von der internen Bilanzanalyse auch von einer **Betriebsanalyse** gesprochen werden.

In der Praxis hat die interne Bilanzanalyse große Bedeutung, weil sie positive bzw. negative Entwicklungen gegebenenfalls frühzeitig aufzudecken hilft und damit der Steuerung des Unternehmens dient.

Bilanzanalyse, *materielle*	Coenenberg (2005); Ditges/Arendt (2007a); Olfert/Reichel (2006a + b; 2005 + 2008)	**026**

Die materielle Bilanzanalyse dient dazu, die Informationen aus dem Jahresabschluss inhaltlich zu analysieren. Sie kann erfolgen als:

- **Substanzanalyse**, deren Aufgabe es ist, die Posten des Jahresabschlusses auf ihr Zustandekommen, ihre Zusammensetzung und ihre Entwicklung hin zu überprüfen. Daraus lassen sich wertvolle Hinweise auf die wirtschaftliche Entwicklung eines Unternehmens ableiten.

- **Kennzahlenanalyse**, mit der betriebswirtschaftliche Kennzahlen [⇨ 127] gebildet und beurteilt werden. Schwerpunkte der Kennzahlenanalyse sind:

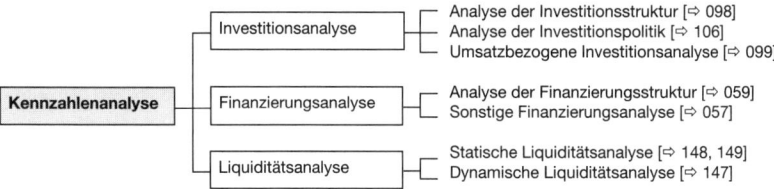

Die Gliederung des Jahresabschlusses ist als Grundlage der Kennzahlenanalyse nur bedingt geeignet. Deshalb ist die **Bilanz** [⇨ 022]:

- **Zu bereinigen**, indem Saldierungen und Zurechnungen von Bilanzpositionen erfolgen.
- **Aufzubereiten**, indem Bilanzpositionen in zweckmäßiger Weise zusammengefasst werden.

Erst auf dieser Basis ist eine fundierte Bilanzanalyse möglich.

Börsenhandel	Becker/Peppmeier (2008); Beike/Schlütz (2005); Grill/Perczynski (2002); Olfert/Reichel (2008)	027

Der Börsenhandel hat zwei mögliche **Marktformen**:

* Den **Kassamarkt**, in dem die Börsengeschäfte sofort erfüllt werden, d. h. die Preisfeststellung für eine Wertpapiertransaktion und die Erfüllung derselben fallen zeitlich zusammen.
* Den **Terminmarkt**, in dem die Erfüllung abgeschlossener Geschäfte in die Zukunft verschoben wird (mindestens für drei Werktage).

Der Kassamarkt zerfiel an der Frankfurter Wertpapierbörse bis 10/2007 in folgende Börsensegmente:

* **Amtlicher Handel**, bei dem die Kursfeststellung von Wertpapieren als Einheits- oder variable Notierung durch amtlich bestellte Kursmakler erfolgte.
* **Geregelter Markt**, der für den Börsenhandel von kleineren und mittleren Aktiengesellschaften bestand (geringere Zulassungsbedingungen).
* **Freiverkehr** mit den schwächsten Zulassungsvorschriften für sehr kleine und junge Unternehmen (z. B. keine Mindestemissionsvolumina).

Seit 11/2007 ist die Unterteilung in amtlichen und geregelten Markt aufgehoben. Es gelten als **Zulassungsmöglichkeiten**:

* Die Zulassung zum regulierten Markt im Rahmen des **General Standards**, für den Mindestanforderungen gelten, die sich an nationalen gesetzlichen Regeln orientieren.
* Die Zulassung zu einem besonderen Teilbereich des regulierten Marktes im Rahmen des **Prime Standards**, der höhere Transparenzanforderungen als die General Standards aufweisen.
* Schließlich gibt es noch den **Entry Standard**, der ein Bereich des Open Markets ist, welcher sich an den Regeln des Freiverkehrs orientiert.

Der Prime Standard ist mit einem neuen **Indexkonzept** verbunden, das pyramidenähnlich aufgebaut ist und als Spitzensegment den DAX hat:

> ▶ **DAX** 30 größte Unternehmen   ▶ **SDAX** 50 folgende Unternehmen
> ▶ **MDAX** 50 nächstgroße Unternehmen   ▶ **TecDAX** 30 größte Technologie-Unternehmen nach DAX

Der Börsenhandel kann als **Parketthandel** (in Börsensälen) oder **Computerhandel** (Xetra = Exchange Electronic Trading) vollelektronisch erfolgen.

Börsenkurs	Grill/Perczynski (2002); Olfert/Reichel (2005 + 2008); Schuster (2000)	028

Der Börsenkurs einer Aktie [⇨ 001] ist der Wert, mit dem die Aktie an der Börse gehandelt wird. Er wird in seiner Höhe vom Verhalten der Anbieter und Nachfrager bestimmt, das folgenden **Einflussfaktoren** unterliegen kann:

* Der **gesamtwirtschaftlichen Lage** und ihrer zukünftig **erwarteten Entwicklung**.
* Der **Liquiditätslage** der Wirtschaft, die auch von Maßnahmen der Bundesbank beeinflusst wird.
* Den **politischen Einflüssen** durch wirtschaftspolitische Entscheidungen.
* Den **außenwirtschaftlichen Einflüssen** durch ausländische Spekulanten.
* Den **psychologischen Einflüssen** durch Gerüchte, Stimmungen, spekulative Verhaltensweisen.

Der Handel kann börslich sein oder außerbörslich, z. B. zwischen Kreditinstituten untereinander und mit Großanlegern. Formen des **börslichen Handels** sind:

Kassamarkt	Hier werden die Börsengeschäfte **sofort erfüllt**. Die Ausführung hat innerhalb von zwei Börsentagen stattzufinden.
Terminmarkt	Hier abgeschlossene Geschäfte verschieben den Tag der **Erfüllung** im Gegensatz zum Kassageschäft **in die Zukunft**, d. h. mindestens für drei Werktage.

Der Börsenkurs wird im Rahmen des börslichen Handels als **Einheitskurs** oder **Kassakurs** an einer Wertpapierbörse börsentäglich für jedes amtlich notierte Wertpapier als Kurs, bei dem der größtmögliche Umsatz erfolgt, ermittelt und im amtlichen Kursblatt veröffentlicht. Er kann sein:

* **Stückkurs**, wenn er in Euro pro Stück – gewöhnlich hier auf einem Nennwert von 5 € oder 50 € oder auf eine Stückaktie bezogen – angegeben ist, z.B. 128 € für eine Aktie.
* **Prozentkurs**, der in Prozent des Nennwertes angegeben wird und für Anleihen [⇨ 011] gilt.

Bürgschaft	Grill/Perczynski (2002); Olfert/Reichel (2005 + 2008); Wöhe/Bilstein (2002)	029

Die Bürgschaft (§§ 765 ff. BGB, § 349 f. HGB) ist ein Vertrag zwischen dem Bürgen und dem Gläubiger eines Dritten, in dem sich der Bürge dem Gläubiger gegenüber verpflichtet, für die Erfüllung der Verbindlichkeiten des Dritten einzustehen. Sie zählt zu den **Personalsicherheiten** [⇨ 160].

In ihrer Höhe ist die Bürgschaft vom Bestand der **Hauptschuld** abhängig. Erhöht sich diese durch Zinsen [⇨ 200] oder sonstige Kapitalkosten [⇨ 123], haftet der Bürge auch dafür. Verringert sich die Hauptschuld, mindert sich die Bürgschaft in ihrer Höhe entsprechend.

Grundsätzlich bedarf die Erklärung der Bürgschaft der **Schriftform**. Das gilt nicht für Vollkaufleute, wenn die Übernahme für sie ein Handelsgeschäft ist.

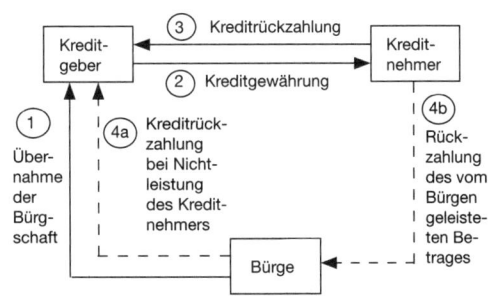

Arten der Bürgschaft sind:

- Die **gewöhnliche Bürgschaft**, bei der ein Bürge erst zahlen muss, wenn der Gläubiger die Zwangsvollstreckung in das Vermögen des Hauptschuldners ohne Erfolg versucht hat. Er haftet damit nur für den durch den Gläubiger nachgewiesenen Ausfall.

- Die **selbstschuldnerische Bürgschaft**, bei der ein Bürge auf Verlangen des Gläubigers sofort zahlen muss, wenn der Schuldner seine Verpflichtungen nicht vertragsgemäß erfüllt. Der Bürge wird damit so behandelt, als wenn er selbst Hauptschuldner wäre. Die selbstschuldnerische Bürgschaft ist bei Vollkaufleuten die Regel.

Cashflow	Ertl (2004); Olfert/Reichel (2008); Prümer (2005); Ziegenbein (2006 + 2007)	030

Der Cashflow gibt an, wie viel Geld das Unternehmen erwirtschaftet hat. Er kann auf unterschiedliche Weise ermittelt werden, weshalb es nur begrenzt informativ ist, wenn die Art seiner Ermittlung, z. B. bei Informationen von Unternehmen, nicht offen gelegt wird. Neben der Ertragslage zeigt der Cashflow den Spielraum der Selbstfinanzierung [⇨ 180] und die Finanzkraft des Unternehmens. **Arten** des Cashflow sind:

- **Der Cashflow im engeren Sinne**, welcher das Ausmaß der Finanzierung [⇨ 048] aus den Umsatzerlösen als »Kassenüberschuss« zeigt, der über die reine Aufwandsdeckung hinausreicht und für das Unternehmen zur Innenfinanzierung [⇨ 090] von Investitionen [⇨ 094], Rückzahlung von Verbindlichkeiten und Ausschüttung von Gewinnen zur Verfügung steht.

	Nichtentnommener Gewinn
+	Neu gebildete Rücklagen
+	Abschreibungen
+	Pauschalwertberichtigungen
=	**Cashflow im engeren Sinne**

- Der **Cashflow im weiteren Sinne**, der auch fremdfinanzierte Mittel erfasst, die bis zum Zeitpunkt ihrer Inanspruchnahme im Unternehmen verbleiben. Aus dem Cashflow wird geschlossen, inwieweit das Unternehmen dauernd fähig ist, die erforderlichen Mittel aus eigener Kraft für Ersatz- und Erweiterungsinvestitionen aufzubringen. Es können außerdem die Kreditfähigkeit und die Kreditwürdigkeit beurteilt werden.

	Jahresgewinn bzw. -verlust
−	Gewinnvortrag
+	Verlustvortrag
+	Erhöhung der Rücklagen zu Lasten des Ergebnisses
−	Auflösung der Rücklagen zu Gunsten des Ergebnisses
+	Erhöhung der langfristigen Rückstellungen
−	Auflösung langfristiger Rückstellungen zu Gunsten des Ergebnisses
+	Abschreibungen und Wertberichtigungen auf Sachanlagen und Beteiligungen
+	außerordentliche, betriebs- und periodenfremde Aufwendungen
−	außerordentliche, betriebs- und periodenfremde Erträge
=	**Cashflow im weiteren Sinne**

Cashflow-Verfahren	Drukarczyk (2006); Krag/Kasperzak (2000); Olfert/Reichel (2006a + b); Rappaport (1999)	031

Die Unternehmensbewertung ist mithilfe von Cashflow-Verfahren möglich. Grundlage hierfür ist der **Free Cashflow**, der die Erfolge der Unternehmenstätigkeit in Form einer Nach-Steuer-Größe angibt. Er lässt sich unterschiedlich berechnen, zum Zwecke der cashflowbezogenen Unternehmensbewertung kann er wie folgt ermittelt werden:

	Gewinn vor Zinsen und Ertragsteuern
+	Abschreibungen
−	Investitionen in das Anlagevermögen
+/−	Steuern
=	**Free Cashflow**

Als Cashflow-Verfahren sollen unterschieden werden:

- Die **Dicounted Cashflow-Methode**, mit der die Marktwerte des Eigenkapitals und des Fremdkapitals den Gesamtwert eines Unternehmens bestimmen. Es sind zu berücksichtigen:

  ▶ Die **prognostizierten Free Cashflows**, die über eine Barwertrechnung auf den Gegenwartswert abzudiskontieren sind.
  ▶ Die **Verrentung der letzten Plangröße**, wobei dieser als Free Cashflow ausgewiesene Überschuss als ewige Rente aufgefasst und entsprechend kapitalisiert wird.
  ▶ Das **nicht betriebsnotwendige Vermögen**, dessen Marktwert zu bestimmen ist.

- **Die Shareholder Value-Methode**, die sich vor allem zur Ermittlung des Unternehmenswertes aktiennotierter Unternehmen eignet. Sie erfolgt in drei **Schritten**:

Prognostizierung von Free Cashflows und deren Diskontierung	⇨	**Verrentung** der zuletzt geplanten Free Cashflows zur ewigen Rente und deren Diskontierung	⇨	**Aufsummierung** dieser Ergebnisse und Abzug des Fremdkapitals

---

Cash Management	Bieber/Kerber (2006); Boettger (2002); Olfert/Reichel (2005 + 2008); Pausenberger (2001)	032

Das Cash Management dient der Überwachung und Steuerung des Dispositionsbestandes an liquiden Mitteln, wie Bargeld und Sichtguthaben, nicht ausgenutzte Kreditmöglichkeiten und kurzfristig monetisierbare Finanzanlagen. Es stellt die **Finanzdisposition** im Rahmen der Finanzwirtschaft [⇨ 065] dar.

Wegen seiner umfangreichen Aufgaben erfordert das Cash Management den **EDV-Einsatz**. Die finanzwirtschaftlichen Daten müssen ständig aktuell verfügbar und auswertbar sein. Während in der **Finanzplanung** [⇨ 062] die Höhe des Dispositionsbestandes festgelegt wird, erfolgt mithilfe des Cash Managements die Feinabstimmung im Hinblick auf die Möglichkeiten:

- Der Kapitalbeschaffung, um die Kapitalkosten [⇨ 123] zu minimieren,
- Der Anlage liquider Mittel, um die Opportunitätskosten – als Kosten für entgangene Gewinne – zu minimieren.

Viele Kreditinstitute bieten EDV-Dienstleistungen als **Electronic Banking** an, das auch das Cash Management beinhaltet. Zu unterscheiden sind:

- **Einfache Cash Management-Systeme**, die vielfältige Daten bereitstellen, z. B. Umsatz-, Saldenübersichten, Kontobewegungen, Kontoauszüge, Berichte.

- **Anspruchsvollere Cash Management-Systeme**, die zudem standardisierte Transaktionen sowie Liquiditätsprognosen, Risikoanalysen und kurzfristige Finanzplanungen ermöglichen können.

Das Cash Management hat sich für die Unternehmen zu einem bedeutsamen Instrument für die Steuerung der Liquidität [⇨ 146] und Rentabilität [⇨ 171] entwickelt. Es ist Bestandteil des **Management-Informationssystems**.

Beim Darlehen erfolgt die Hingabe von Geld oder anderen vertretbaren Sachen mit der Vereinbarung, dass der Empfänger Sachen gleicher Art, Güte und Menge zurückzuerstatten hat (§ 607 Abs. 1 BGB). Es ist eine Form der langfristigen **Fremdfinanzierung** [⇨ 070].

Das Darlehen wird insbesondere von Kreditinstituten und Bausparkassen, aber auch von Versicherungen gewährt. Die lange Laufzeit bedingt eine umfassende **Kreditwürdigkeitsprüfung** [⇨ 137]. Als **Sicherheiten** [⇨ 183] dienen üblicherweise Grundpfandrechte, die erstrangig (Kreditinstitute) bzw. zweitrangig (Bausparkassen) eingetragen werden. Die **Beleihungsgrenze** liegt meist bei 60 % (Kreditinstitute) bzw. bei 80 % (Bausparkassen).

Merkmale des Darlehens sind:

- Die **Tilgung** als Rückzahlung einer Geldschuld, die in steigenden oder fallenden Beträgen bzw. in einem einmaligen Betrag erfolgen kann. Höhe und Fälligkeit der Tilgungsraten werden i.d.R. in einem Tilgungsplan dokumentiert.

- Die **Zinsen** [⇨ 200], die für die Hingabe des Darlehens zu entrichten sind. Sie sind der Preis für die Überlassung von Kapital [⇨ 114]. Ihre Höhe hängt vom Basiszins, der Angebots- und Nachfragesituation am Kapitalmarkt und der zeitlichen Länge ab, für die das Darlehen gewährt wird.

Der regelmäßig zurückzuzahlende Betrag aus Tilgungs- und Zinsanteilen ist die **Annuität**.

Kapitalkosten [⇨ 123] für das Darlehen können Zinsen, Schätzkosten, Bewertungskosten, Beurkundungs-, Eintragungs- bzw. Löschungsgebühren und **Damnum** als vom Kapitalgeber einbehaltener Betrag (z. B. 4 %, wenn 96 % Auszahlung vereinbart wurde) sein, der aber später dennoch zurückzuzahlen ist.

Der Diskontkredit ist ein Wechselkredit, an dem der Lieferant einer Ware (Aussteller), der Abnehmer der Ware (Bezogener) und ein Kreditinstitut beteiligt sind. Er ist eine Form der kurzfristigen **Fremdfinanzierung** [⇨ 070].

Der Lieferant zieht den **Wechsel** [⇨ 192] auf den Kunden, der ihn akzeptiert und ihn dem Aussteller zurückgibt. Das Kreditinstitut kauft den Wechsel vor dem Zeitpunkt seiner Fälligkeit vom Lieferanten an und stellt ihm die abgezinste Wechselsumme bereit.

Das Kreditinstitut legt den Wechsel dem Kunden vor, der in dann einlöst (Beispiel).

Der Diskredit erfährt seine **Sicherung** zum einen durch das strenge Wechselrecht. Außerdem wird zwischen dem Lieferanten und dem Abnehmer meist ein Eigentumsvorbehalt vereinbart. Mithilfe des Diskontkredites ist es möglich, den Kreditspielraum eines Unternehmens zu erweitern. Das kann zudem noch mit relativ geringen **Kapitalkosten** – insbesondere im Vergleich zum Lieferantenkredit und Kontokorrentkredit – erfolgen.

Der **effektive Zinssatz** für den Diskontkredit berechnet sich nach der folgenden Formel:

$$r = \frac{DB + DS}{KB} \cdot \frac{360}{WL}$$

r = Jahreszins
DB = Diskont(betrag)
DS = Diskontspesen

KB = Effektiv verfügbarer Kreditbetrag (Wechselbetrag – DB – DS)
WL = Wechsellaufzeit

Dokumentenakkreditiv	*Bernstorff (2000); Grill/Percynski (2002); Jahrmann (2007); Olfert/Reichel (2003)*	**035**

Das Dokumentenakkreditiv ist eine Form des Auslandszahlungsverkehrs, bei dem die Bank eines Importeurs einem im Akkreditiv genannten Exporteur gegen Übergabe der erforderlichen **Dokumente** eine bestimmte Leistung verspricht.

Diese Leistung kann z. B. in einer Zahlung durch die Importbank als eröffnende Bank bzw. durch die Exportbank als bestätigende Bank erfolgen. Je nach **Ausgestaltung** kann die Leistung aber auch in einer Akzeptleistung einer der beiden Banken oder in dem Ankauf der Dokumente durch die Import- bzw. Exportbank bestehen.

Rechtsgrundlage sind i.d.R. die von allen Staaten anerkannten »Einheitlichen Richtlinien und Gebräuche für Dokumentenakkreditive« (ERA).

Nach dem Kaufvertrag zwischen Importeur und Exporteur gibt der Importeur einen Akkreditivauftrag als Geschäftsbesorgungsauftrag an die Akkreditivbank.

Arten des Akkreditivs	**Inhalte des Akkreditivs**
▶ Sicht- und Nachsichtakkreditiv	▶ Akkreditivbetrag und Währung
▶ Widerrufliches und unwiderrufliches Akkreditiv	▶ Dokumentation des Akkreditivs
▶ Bestätigtes und unbestätigtes Akkreditiv	▶ Art, Menge und Preis der Ware
▶ Revolvierendes und nicht revolvierendes Akkreditiv	▶ Lieferbedingungen
▶ Gegenakkreditiv	▶ Verladefrist
▶ Vorschussakkreditiv	▶ Laufzeit des Akkreditivs

Die Auszahlung des Geldbetrages an den Exporteur bzw. an dessen Bank erfolgt nur gegen Vorlage von Dokumenten, z. B. Frachtbrief, Versicherungsschein.

Dokumenteninkasso	*Grill/Percynski (2002); Jahrmann (2007); Olfert/Reichel (2003)*	**036**

Das Dokumenteninkasso ist eine Form des Zahlungsverkehrs im Außenhandel. Es umfasst u. a. die **Einziehung** von Dokumenten bzw. Wechseln [⇨ 194], die auf zwei **Arten** möglich ist:

- Beim **Zahlungsinkasso** beauftragt der Exporteur seine Hausbank, den Gegenwert für die eingereichten Dokumente vom Zahlungspflichtigen einzuziehen bzw. durch eine Bank in dessen Land einziehen zu lassen.

- Beim **Wechselinkasso** werden gegen Akzeptleistung des Importeurs diesem die Dokumente ausgehändigt und am Verfalltag wird ihm der Wechsel präsentiert. Die Bank haftet dabei allerdings nicht für die Richtigkeit der Dokumente oder deren Einlösung. Sie darf jedoch die Dokumente nicht vor der Zahlung oder Akzeptleistung aushändigen.

  Die Bank bestätigt dem Exporteur die Erteilung des Inkassoauftrags und sendet ihn dann mit den nötigen Weisungen an die betreffende Korrespondenzbank im Ausland.

Merkmale für beide Formen des Dokumenteninkassos sind:

- Zug-um-Zug-Geschäft, wobei der Exporteur die Ware gegen Dokumente aushändigt
- Einschaltung von Kreditinstituten zur Zahlungsabwicklung
- Geschäftsbesorgungsauftrag des Exporteurs gem. § 675 BGB
- Zahlungs- und Erfüllungsort liegen im Bestimmungsland der Ware.

Das **Risiko** liegt für den Importeur in der Bezahlung der Ware vor der Besichtigung und Überprüfung. Für den Exporteur liegt das Risiko in der Aufnahmeverweigerung oder Aufnahmeverspätung der Dokumente. Wird die Ware nicht durch ein Warenpapier, z. B. einen Ladeschein, verkörpert, lehnen die Banken i.d.R. einen Inkassoauftrag ab. Deshalb wird meistens ein Dokumentenakkreditiv [⇨ 035] empfohlen.

E-Cash-System	*Becker (2002a); Eilenberger (2003); Olfert/Reichel (2005 + 2008)*	**037**

Das E-Cash-System (Electronic Cash-System) ist ein **automatisiertes Kassensystem**, das in Handelsunternehmen zunehmend Einsatz findet. Der Kunde kann am »Point of Sale« bargeldlos zahlen, z. B. dem Supermarkt oder der Tankstelle. Bei diesem bargeldlosen Zahlungsverkehr [⇨ 195] kommen weder der Zahlungspflichtige noch der Zahlungsempfänger sofort mit Bargeld in Berührung.

Mit dem Einsatz des Electronic Cash-Systems können verbunden sein:

- Eine **Magnetstreifen-Karte**. Nach Eingabe der persönlichen Identifikationsnummer in das Kassenterminal, das meist direkt mit dem Rechenzentrum des kontoführenden Kreditinstitutes verbunden ist, wird das Konto des Karteninhabers belastet.

- Eine **Mikroprozessor-Chipkarte** als Wertkarte, von der die Rechnungsbeträge solange abgebucht werden können, bis sie »leer« sind. Das Kassenterminal muss hier nicht mit dem Rechenzentrum des kontoführenden Kreditinstituts verbunden sein, was erhebliche Kosten einspart.

Ähnlich funktionieren **Schlüssel**, die vom Kunden vorher am Geldautomaten »geladen« und dann an der Kasse in ein dafür vorgesehenes Gerät gesteckt werden, das die Beträge vom geladenen Schlüsselbetrag abbucht, z. B. in einer Kantine.

Das Electronic Cash-System ist vor allem für **Dienstleistungsunternehmen** vorteilhaft, da sie

- weniger Umlauf an Bargeld haben bzw.
- die Zahlungsfähigkeit der Kunden erkennen können.

Für die Kunden ist dieses System bequem, weil Bargeld entbehrlich ist.

E-Finance	*Bodendorf u. a. (2003); Holey/Welter/Wiedemann (2007); Olfert/Reichel (2005 + 2008)*	**038**

Unter E-Finance (Electronic-Finance) ist der Einsatz von Informations- und Kommunikationstechnologie zur Unterstützung von finanzbezogenen **Geschäftsprozessen** zu verstehen. Es ist ein Element des E-Business und lässt sich unterteilen in:

- **Electronic Banking**, bei dem die Kreditinstitute mit ihren Kunden auf elektronischem Wege direkt verbunden sind. Die Kontaktaufnahme erfolgt direkt über einen Online-Dienst oder das Internet, z.B. bei Gewährung von Krediten, Wertpapiertransaktionen, Zahlungstransaktionen.

Zur Abwicklung von Zahlungsaufträgen werden die übermittelten Daten mittels einer **persönlichen Geheimzahl** (PIN) und Einmalpasswörtern in Form von **Transaktionsnummern** (TAN) für jeden Zahlungsvorgang hinsichtlich der Authentifizierung abgesichert.

- **Home Banking Computer Interface** (HBCI) das ein Verfahren darstellt, das vom Provider unabhängig Transaktionen mittels einer Chipkarte oder eines Chipkartenlesers am Computer auch unabhängig von den Öffnungszeiten der Banken zulässt. Das **Onlinebanking** wird von **Direktbanken** angeboten, die ausschließlich über Internet, Telefon, Fax und Brief erreichbar sind, wie auch von Großbanken, Sparkassen bzw. Volks- und Raiffeisenbanken.

- **Electronic-Insurance**, bei dem praktisch alle **Versicherungsunternehmen** über elektronische Medien direkt mit ihren Kunden bzw. Interessenten verbunden sind und diesen **Informationen** über ihr Unternehmen geben. Dabei bieten sich Möglichkeiten der Kommunikation an.

Typische **Anwendungsfelder** sind z. B. rechnergestützte Bearbeitung von Versicherungsaufgaben (z. B. Inkasso und Schadensberechnung im Dialog), Dokumentenmanagement (z. B. Archivierung der Korrespondenz) und Systeme zur Unterstützung des Außendienstes, z. B. Abruf von Kundendaten über mobile Rechner.

Das Eigenkapital eines Unternehmens ist das von seinen Eigentümern als Gesellschafter ohne zeitliche Begrenzung zur Verfügung gestellte Kapital [⇨ 114]. Seine **Bereitstellung** kann auf zwei Wegen erfolgen:

- Die Eigentümer leisten Einlagen, d. h. das Eigenkapital fließt von außerhalb des Unternehmens im Rahmen einer **Beteiligungsfinanzierung** [⇨ 019] zu.

- Die Eigentümer verzichten auf den Abfluss von Eigenkapital aus dem Unternehmen, indem sie erwirtschaftete Gewinne darin belassen, d. h. **Selbstfinanzierung** [⇨ 180] betreiben.

Nach **IFRS** ist die Eigenkapitalveränderungsrechnung verpflichtender Bestandteil eines IFRS-Abschlusses. Das Eigenkapital ist allgemein der Saldo von Vermögen und Schulden. Nach **HGB** setzt es sich zusammen aus:

- **Bilanziell ausgewiesenen Einzelpositionen.** Das Gliederungsschema des § 266 HGB gilt als Mindestgliederung (vgl. Abb.). Es ist für Kapitalgesellschaften als Mindestgliederung gültig. Aber auch Einzelunternehmen [⇨ 041] und Personengesellschaften [⇨ 161] müssen mangels eigener rechtlicher Regelungen hierauf zurückgreifen.

- **Bilanziell nicht erkennbar ausgewiesene stille Reserven**, die sich durch eine positive Wertdifferenz zwischen dem Tagesbeschaffungswert und dem Buchwert von Wirtschaftsgütern ergeben.

A. Eigenkapital:
 I. Gezeichnetes Kapital
 II. Kapitalrücklage
 III. Gewinnrücklagen
  1. Gesetzliche Rücklage
  2. Rücklage für eigene Anteile
  3. Satzungsmäßige Rücklagen
  4. Andere Gewinnrücklagen
 IV. Gewinnvortrag/Verlustvortrag
 V. Jahresüberschuss/ Jahresfehlbetrag

Das Eigenkapital [⇨ 039] schafft die Grundlage für die wirtschaftliche Tätigkeit des Unternehmens und dient den Fremdkapitalgeber bzw. Lieferanten zur **Haftung**. Sein bilanzieller Ausweis ermöglicht eine Gewinn- bzw. Verlustzuweisung.

Bei Gesellschaften, deren Gesellschafter nur beschränkt haften, dient das Eigenkapital als **Ausschüttungssperrziffer**, d. h. die Gewinnausschüttung darf nicht so hoch sein, dass die Geschäftsanteile eine Minderung erfahren. Das Eigenkapital weist folgende **Merkmale** auf:

Rechtsverhältnis	Das Eigenkapital begründet ein Beteiligungsverhältnis.
Haftung	Der Eigenkapitalgeber haftet mindestens in Höhe der Einlage, ggf. auch mit seinem gesamten Privatvermögen.
Vermögen	Der Eigenkapitalgeber hat einen anteiligen Anspruch auf Rückzahlung des zur Verfügung gestellten Kapitals, wenn der Liquidationserlös die Schulden übersteigt.
Entgelt	Der Eigenkapitalgeber ist grundsätzlich anteilig am Gewinn und Verlust beteiligt.
Mitbestimmung	Der Eigenkapitalgeber ist grundsätzlich zur Mitbestimmung berechtigt, praktisch erfolgt aber mitunter eine Begrenzung.
Verfügbarkeit	Das Eigenkapital ist grundsätzlich zeitlich unbegrenzt verfügbar, kann aber teilweise kurzfristig gekündigt werden.
Steuern	Eigenkapitalzinsen sind steuerlich nicht absetzbar, der Gewinn wird voll belastet, je nach Rechtsform durch ESt, KSt, GewSt.
Umfang	Das Eigenkapital ist durch die finanzielle Kapazität und/oder die Bereitschaft bisheriger und neuer Kapitalgeber begrenzt.
Interesse	Der Eigenkapitalgeber hat üblicherweise ein Interesse am Erhalt des Unternehmens.

Das Einzelunternehmen ist ein **Gewerbebetrieb**, dessen Vermögen einer Person zusteht. Sie ist Eigentümer des Einzelunternehmens. Einzelunternehmen sind mit rund 90 % aller Unternehmen die am häufigsten vorkommende Rechtsform [⇨ 169] in Deutschland.

Für die **Gründung** [⇨ 086] ist kein Gesellschaftsvertrag erforderlich. Der Gründer errichtet das Unternehmen allein. Soll die Rechtsform des Einzelunternehmens erhalten bleiben, kann die Zuführung von Eigenkapital im Rahmen der Beteiligungsfinanzierung [⇨ 019] nur vom Unternehmer selbst erfolgen.

Damit wird deutlich, dass der Spielraum der Finanzierung [⇨ 048] des Einzelunternehmens begrenzt ist. Die **Firma** [⇨ 066] muss die Bezeichnung »e. K.« (eingetragener Kaufmann) oder »e. Kfr.« (eingetragene Kauffrau) enthalten. Gründe für die **Auflösung** eines Einzelunternehmens sind Arbeitsunfähigkeit, hohes Alter, Tod, Fehlen von Nachfolgern, Strukturveränderungen in der Branche, erdrückender Wettbewerb oder Insolvenz des Inhabers.

Die **Rechte** und **Pflichten** eines kaufmännischen Einzelunternehmers sind vor allem:

Rechte	Pflichten
▶ Geschäftsführung (nach innen) ▶ Gewinn ▶ Privatentnahme ▶ Liquidationserlös	▶ Aufbringen der erforderlichen Mittel ▶ Tragen von Verlusten ▶ Unbegrenzte Haftung gegenüber Gläubigern, auch mit seinem Privatvermögen ▶ Tragen des Unternehmerrisikos

Die **Kapitalkosten** [⇨ 123] der Beteiligungsfinanzierung sind sehr gering. Sie umfassen vor allem die Gewinnausschüttungen, bei Kaufleuten kommen die Kosten des Registergerichts hinzu.

| Endwert | Däumler (2003); Grob (2006); Kruschwitz (2005); Olfert/Reichel (2006a+b) | **042** |

Der Endwert von Einzahlungen oder Auszahlungen ist der Wert, der sich durch **Aufzinsung** ergibt. Mit seiner Hilfe kann festgestellt werden, welchen Wert eine oder mehrere während einer Betrachtungsperiode geleisteten Zahlungen am Ende der Betrachtungsperiode haben. Zu unterscheiden sind:

- **Einmalige Zahlung** eines Betrages

$$K_n = K_0 \cdot q^n$$

oder

$$K_n = K_0 \cdot (1 + i)^n$$

K_n = Endwert (€)

K_0 = Wert im Zeitpunkt t_0 (€)

qn = Aufzinsungsfaktor

i = Kalkulationszinssatz (%)

Beispiel: Adolf Schmidt stellt einer GmbH einen Kredit von 20.000 € zu einem Zinssatz von 8 % zur Verfügung. Kreditbetrag und Zinsen werden ihr am Ende des 5. Jahres in Höhe von K5 = 20.000 · 1,469328 = **29.386,56 €** ausbezahlt.

- **Mehrmalige Zahlung** gleich hoher Beträge zu den jeweiligen Periodenenden

$$K_n = e \cdot \frac{q^n - 1}{q - 1}$$

oder

$$K_n = e \cdot \frac{(1 + i)^n - 1}{i}$$

K_n = Endwert (€)

e = Einzahlungen (€/Jahr)

$\dfrac{q^n - 1}{q - 1}$ = Aufzinsungsfaktor

i = Kalkulationszinssatz (%)

Beispiel: Zum Ende eines jeden Jahres stellt Adolf Schmidt 1.000 € bereit. Bei einem Zinssatz von 5 % beträgt das Kapital am Ende des 10. Jahres K10 = 1.000 · 12,577893 = **12.577,89 €**.

Die Ergebnisanalyse kann durchgeführt werden, indem Relationen der Aufwandseite und Ertragseite der Gewinn- und Verlust-Rechnung gebildet werden. Sie beziehen sich auf:

- Die **Struktur des Aufwandes**, bei dem mehrere Kennzahlen zu unterscheiden sind:

Personal-intensiät	Sie ist Maßstab für die Wirtschaftlichkeit des Faktors Arbeit und wird ermittelt:
	$$\text{Personalintensität} = \frac{\text{Personalaufwand}}{\text{Gesamtaufwand}} \cdot 100$$
	Der Personalaufwand umfasst die Löhne und Gehälter, die sozialen Abgaben und die Aufwendungen für Altersversorgung und Unterstützung.
Material-intensität	Sie legt den Anteil des Materialaufwandes am Gesamtaufwand offen:
	$$\text{Materialintensität} = \frac{\text{Materialaufwand}}{\text{Gesamtaufwand}} \cdot 100$$
	Der Materialaufwand umfasst den Aufwand für Roh-, Hilfs- und Betriebsstoffe sowie bezogene Waren.
Abschrei-bungs-intensität	Sie stellt den Maßstab für die Wirtschaftlichkeit des eingesetzten Sachanlagevermögens dar und errechnet sich:
	$$\text{Abschreibungsintensität} = \frac{\text{Abschreibungsaufwand}}{\text{Gesamtaufwand}} \cdot 100$$
	Der Abschreibungsaufwand kann durch bilanzpolitische Maßnahmen stark beeinflussen.

- Die **Struktur des Ertrages**, bei der als informative Kennzahl die Umsatzdominanz gilt:

$$\text{Umsatzdominanz} = \frac{\text{Umsatz}}{\text{Gesamtertrag}} \cdot 100$$

Der Ertragswert ist der **Zukunftserfolgswert** eines Unternehmens, mit dem sich die Unternehmensbewertung [⇨ 190] befasst. Unter dem Zukunftserfolg ist der nachhaltig erzielbare zukünftige Reingewinn des Unternehmens zu verstehen. Seine Ermittlung bereitet Probleme, da die Zukunft nur auf dem Wege der Schätzung berücksichtigt werden kann.

Für die **Ermittlung** des Ertragswertes gilt:

- Die Durchführung der Diskontierung zukünftiger Reinerträge erfordert das Vorhandensein eines Zinsfußes, der als **Kapitalisierungszinsfuß** bezeichnet wird. Er stellt den Zinssatz derjenigen Effektivverzinsung dar, die unter den augenblicklichen Umständen von gleichartigen Kapitalanlagen erwartet werden kann.

  Der Kapitalisierungszinsfuß ist in seiner Höhe im Wesentlichen von den gegenwärtigen Kapitalmarktverhältnissen abhängig, die ihren Ausdruck im **landesüblichen Zinsfuß** finden, der den durchschnittlich in dem betreffenden Zeitraum zu erwartenden Reinertrag einer risikofreien Kapitalanlage bezeichnet, z. B. einer Staatsanleihe.

- Unter Einbezug des **Risikos** kann der Zuschlag einer Risikoprämie auf zwei **Wegen** erfolgen:

  ▶ Es ist der **Zuschlag einer Risikoprämie** möglich. Hier wird neben dem landesüblichen Zins eine Risikoprämie angesetzt, in der z. B. Form, Größe und Branche des Unternehmens berücksichtigt werden.

  ▶ Der **Branchenzins** kann verwendet werden. Dabei wird als Grundlage das arithmetische Mittel aus landesüblichem Zins und Branchenzins festgestellt.

Im Rahmen des Steuerrechtes wird der Ertragswert bei der Ermittlung des **Einheitswertes von Grundstücken** ermittelt.

Ertragswert-Verfahren	*Ballwieser (2004); Coenenberg (2003); Olfert/ Reichel (2006a+b); Seiler/Larson (2004)*	**045**

Das Ertragswert-Verfahren wird im Rahmen der **Unternehmensbewertung** [⇨ 190] eingesetzt. Mit seiner Hilfe wird der künftig erwartete Reinertrag kapitalisiert, der langfristig bei einer normalen Unternehmensleistung erzielt wird. Die Konkurrenzgefahr wird dabei im Zukunftsertrag berücksichtigt. Eine überdurchschnittliche Leistung des bisherigen Unternehmens wird nur einbezogen, wenn z. B. wegen einer guten Organisation eine Mehrrente auch in Zukunft zu erwarten ist, Abschreibungen auf den Firmenwert [⇨ 067] bleiben unberücksichtigt.

Zur Ermittlung des Ertragswertes als Zukunftserfolgswert muss der Gegenwartswert der zukünftig erwarteten Gewinne ermittelt werden. Dies geschieht durch die Abzinsung der erwarteten Gewinnsumme auf den Bewertungsstichtag. Dabei können drei **Situationen** unterschieden werden:

- Bei **begrenzter Lebensdauer** des Unternehmens und jährlich **unterschiedlich hohen Gewinnen**:

$$EW = \frac{G_1}{q^1} + \frac{G_2}{q^2} + ... + \frac{G_n}{q^n}$$

EW = Ertragswert als Zukunftserfolgswert (€)
G = Gewinn (€/Jahr)
q = Aufzinsungsfaktor

- Bei **begrenzter Lebensdauer** des betrachteten Unternehmens und jährlich **gleich hohen Gewinnen**:

$$EW = G \cdot \frac{q^n - 1}{q^n (q - 1)}$$

$\frac{q^n - 1}{q^n (q - 1)}$ = Barwertfaktor

- Bei **unbegrenzter Lebensdauer** und jährlich **gleich hohen Gewinnen** vereinfacht sich die Gleichung:

$$EW = \frac{G}{i}$$

i = Kalkulationszinssatz (%)

Euromarkt-Kredit	*Jahrmann (2007); Kaiser/Heilenkötter/Herrmann (2002); Olfert/Reichel (2005 + 2008)*	**046**

Der Euromarkt-Kredit ist die Überlassung von Geld- bzw. Sachwerten gegen Zinsen [⇨ 200] auf den internationalen Finanzmärkten. Er wird international in verschiedenen Währungen vergeben. Nach der **Art der Kreditgeschäfte** gibt es:

- Den **Euro-Geldmarkt**, welcher der kurz- und mittelfristigen Finanzierung [⇨ 048] von Auslandsgeschäften und dem internationalen Liquiditätsausgleich dient. Euro-Geldmarktgeschäfte werden grundsätzlich ohne Sicherheiten [⇨ 183] und meistens formlos abgewickelt. Die Banken übernehmen häufig Garantien für Kreditnehmer. Nach ihrer **Fristigkeit** sind zu unterscheiden:

Kurzfristige Euro-Kredite	**Tagesgeld**: Kreditlaufzeit von nur einem Tag, von 12 Uhr mittags bis 12 Uhr mittags **Festgeld**: Kreditlaufzeit i.d.R. höchstens 2 Jahre, in Ausnahmefällen aber auch länger **Kündigungsgeld**: unbefristete Kreditlaufzeit, mit u. U. individuellen Kündigungsfristen
Mittelfristige Euro-Kredite	**Roll-over-Kredite**: Kreditlaufzeit bis zu 4 Jahren **Mittelfristige Konsortialkredite**: Von Euro-Banken erhältlich **Certificates of Deposits zur Kapitalanlage**: Wertpapiere **Euro-Notes-Facilities**: Spezielle Geldmarktpapiere **Euro Commercial Paper**: Kostengünstige Geldmarktpapiere **Medium Term Notes**: Ebenfalls kostengünstige Papiere

Ein Euro-Kredit kann sowohl für einen deutschen Exporteur als auch für einen deutschen Importeur vorteilhaft sein.

- Den **Euro-Kapitalmarkt**, der die langfristige Finanzierung umfasst, i. d. R. durch Emission von Finanztiteln. Er ist ein internationaler Kapitalmarkt. Die Verbriefung der Kredite erfolgt durch börsengängige Euro-Bonds, d. h. Anleihen [⇨ 011] mit Laufzeiten von z. B. 2 bis 15 Jahren, mitunter auch von mehr als 20 Jahren.

Factoring	Bette (2001); Olfert/Reichel (2003 + 2008); Philipp (2006); Schwarz (2002)	047

Das Factoring ist eine Form der kurzfristigen Fremdfinanzierung [⇨ 071]. Es beruht auf einem Vertrag, der zwischen einem Unternehmen als Klient und einem Finanzierungsinstitut als Factor geschlossen wird. Mit diesem kauft der Factor Gesamtheiten von Forderungen und verpflichtet sich, für den Klienten verschiedene **Funktionen** zu übernehmen, die sein können:

- Die **Dienstleistungsfunktion**, welche die Debitorenbuchhaltung, das Mahnwesen und das Rechnungsinkasso umfasst, d. h. alle mit der Forderung verbundenen Verwaltungsaufgaben.

- Die **Delkrederefunktion**, mit der das Risiko einer möglichen Zahlungsunfähigkeit des Abnehmers der Waren oder Dienstleistungen übernommen wird.

- Die **Finanzierungsfunktion**, die aus einer Bevorschussung der angekauften Forderungen mit etwa 80 % bis 90 % besteht.

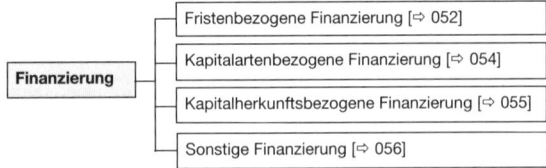

Beim **offenen Factoring** wird der Abnehmer einer Ware über den Verkauf der Forderung informiert, die Zahlung ist an den Factor zu leisten. Beides trifft beim **stillen Factoring** nicht zu, das auch **nichtnotifiziertes Factoring** genannt wird.

Die **Kosten** liegen für die Dienstleistungsfunktion bei 0,3 % bis 3 % des Umsatzes, für die Delkrederefunktion bei 0,2 % bis 1,2 % des Umsatzes und für die Finanzierungsfunktion als Kapitalkosten [⇨ 123] etwa in Höhe der Zinsen, die für einen Kontokorrentkredit anfallen.

Finanzierung	Olfert/Reichel (2005 + 2008); Perridon/ Steiner (2006); Wöhe/Bilstein (2002)	048

Die Finanzierung ist die **Beschaffung von Kapital** [⇨ 114], das zur Leistungserstellung und Leistungsverwertung im Unternehmen benötigt wird. Sie bezieht sich auf alle Maßnahmen der Beschaffung von Geld und geldwerten Gütern. Damit umfasst sie Geld, Sachgüter und Rechte.

Die Finanzierung erfolgt in der betrieblichen Praxis überwiegend durch Zuführung von **Geld**. Ist dies nicht der Fall und werden **Sachgüter** oder **Rechte** zugeführt, dann fallen die Finanzierung und die Investition [⇨ 094] in einem Zeitpunkt zusammen.

Mit der Finanzierung verbunden sind vor allem folgende **Fragestellungen**:

- *Wie groß ist der Kapitalbedarf [⇨ 115] des Unternehmens?*
- *Welche Finanzierungsarten bieten sich zur Deckung des Kapitalbedarfes an?*
- *Wie sieht die optimale - insbesondere auch kostenminimale - Finanzierung aus?*

Die Finanzierung lässt sich nach verschiedenen **Kriterien** systematisieren:

```
                    ┌─ Fristenbezogene Finanzierung [⇨ 052]
                    │
                    ├─ Kapitalartenbezogene Finanzierung [⇨ 054]
  Finanzierung ─────┤
                    ├─ Kapitalherkunftsbezogene Finanzierung [⇨ 055]
                    │
                    └─ Sonstige Finanzierung [⇨ 056]
```

Die **Passiv-Seite** der Bilanz gibt Auskunft über das beschaffte Kapital, die **Aktiv-Seite** über seine Verwendung.

Finanzierung, aus Abschreibungsgegenwerten	Däumler (2002); Franke/Hax (2004); Olfert/ Reichel (2005 + 2008); Wöhe/Bilstein (2002)	049

Die Finanzierung [⇨ 048] aus Abschreibungsgegenwerten ist eine Form der **Innenfinanzierung** [⇨ 090]. Mit ihr wird angestrebt, das gebundene Kapital [⇨ 114] durch den Ansatz von Abschreibungen als Aufwendungen, die einer Abrechnungsperiode für Wertminderungen des Anlagevermögens [⇨ 010] zugerechnet werden, wieder freizusetzen und die Kapazität des Unternehmens zu erweitern.

Die Finanzierung aus Abschreibungsgegenwerten führt zu zwei **Effekten**:

- Dem **Kapitalfreisetzungseffekt**, der sich dadurch ergibt, dass die Abschreibungen durch den Verkauf der Produkte in den jeweils produktbezogenen kalkulierten Teilbeträgen dem Unternehmen wieder zufließen.

- Dem **Kapazitätserweiterungseffekt**, der auch **Lohmann-Ruchti-Effekt** genannt wird. Darunter versteht man die Wirkung, die sich daraus ergibt, dass die freigesetzten Abschreibungsgegenstände sofort zu Neuinvestitionen für gleichwertige Anlagen verwendet werden. Über mehrere Jahre hinweg kann sich theoretisch eine Kapazitätserweiterung von nahezu 100 % ergeben.

Der Kapazitätserweiterungseffekt ist in der Praxis nicht in diesem Umfang erzielbar, z. B. weil das Kapital auch in zusätzlich erforderlichem Umlaufvermögen [⇨ 188] gebunden werden muss. Außerdem bleiben der technische Fortschritt sowie die Entwicklung des Beschaffungs- und Absatzmarktes unberücksichtigt. Im Übrigen ist davon auszugehen, dass die Anlagegüter weder alle gleichartig noch weitgehend teilbar sind.

Dennoch kann nicht bestritten werden, dass eine gewisse Kapazitätserweiterung durchaus möglich ist, wenn kontinuierlich mithilfe von Abschreibungsgegenwerten finanziert wird, vor allem bei Großunternehmen.

Finanzierung, aus Rückstellungsgegenwerten	Eilenberger (2003); Olfert/Reichel (2005 + 2008); Wöhe/Bilstein (2002)	050

Die Finanzierung [⇨ 048] aus Rückstellungsgegenwerten ist eine Form der **Innenfinanzierung** [⇨ 090], aus welcher der Aufwand für Rückstellungen [⇨ 177] sofort verrechnet wird, die Auszahlungen aber erst in späteren Perioden erfolgen. Während des dazwischen liegenden Zeitraumes kann das Unternehmen über die Rückstellungen verfügen, sofern die Gegenwerte über den Umsatzprozess zugeflossen sind. Daraus ergibt sich, dass die Rückstellungen unter Finanzierungsaspekten umso wertvoller sind, je länger sie dem Unternehmen zur Verfügung stehen.

Kurzfristige Rückstellungen haben für die Finanzierung eine untergeordnete Bedeutung, da sie sich rasch wieder auflösen. **Mittelfristige Rückstellungen**, z. B. für Prozessrisiken, Garantieverpflichtungen, drohende Verluste aus schwebenden Geschäften, sind für die Finanzierung etwas günstiger zu beurteilen. Für die Finanzierung bedeutsam sind jedoch **langfristige Rückstellungen**, insbesondere die **Pensionsrückstellungen**, die folgende Merkmale haben:

- Sie sind **Fremdkapital** [⇨ 073], das aufgrund freiwillig oder vertraglich übernommener betrieblicher Ruhegeldverpflichtungen gegenüber Betriebsangehörigen aus Gewinnanteilen gebildet und einem Pensionsfonds zugeführt wird, um diese Verpflichtungen bei Fälligkeit erfüllen zu können.

- Sie stehen als Fremdkapital dem Unternehmen nicht nur **langfristig** sondern oft auch **in beträchtlichem Umfang** zur Verfügung.

Wenn sich ein Unternehmen verpflichtet, seinen Mitarbeitern eine Altersversorgung zu gewähren, sind Rückstellungen bereits ab dem Jahr der **Zusage** zu bilden (§ 249 HGB). Die Ausgaben für die Pensionäre erfolgen erst erheblich später. Die Berechnung der jährlichen Rückstellungsraten für Pensionen hat nach Grundsätzen der Versicherungsmathematik zu erfolgen.

Finanzierung, *aus sonstigen* Kapitalfreisetzungen	Däumler (2002); Olfert/Reichel (2005 + 2008); Perridon/Steiner (2006)	051

Die Finanzierung [⇨ 048] aus sonstigen Kapitalfreisetzungen ist eine Form der **Innenfinanzierung** [⇨ 090]. Sie kann erfolgen als:

- **Rationalisierung**, bei der eine Verringerung des Kapitaleinsatzes bewirkt wird, ohne dass es zu einer Verminderung des Produktionsvolumens bzw. des Umsatzvolumens kommt, z. B. durch verbesserte Materialdisposition oder vorteilhaftere Produktionsverfahren. Damit werden finanzielle Mittel freigesetzt, die für andere Zwecke verwendet werden können.

- **Vermögensumschichtung**, bei der materielle und/oder immaterielle Vermögenswerte in liquide Form überführt werden, um für Finanzierungszwecke zur Verfügung zu stehen. Man spricht auch von Substitutionsfinanzierung. Sie führt nicht zu einer Verlängerung der Bilanz [⇨ 022], sondern es handelt sich aus bilanzieller Sicht lediglich um einen **Aktivtausch**. Die Vermögensumschichtung sollte sich aber nur auf Vermögensgegenstände beziehen, die

  ▸ einen hohen Liquiditätswert aufweisen
  ▸ zu keinen wesentlichen Rückwirkungen auf das Kreditvolumen führen
  ▸ keinen oder einen nur geringen Buchverlust bewirken
  ▸ nicht zu einer Verminderung der Leistungsfähigkeit führen.

Als **interne Liquiditätsreserven** [⇨ 150] sind Wertpapiere des Umlaufvermögens [⇨ 188] zur Vermögensumschichtung am besten geeignet. Die Höhe der Liquiditätsreserven sollte sich nach den sonstigen Möglichkeiten der Liquiditätssicherung richten.

Die Veräußerung anderer Gegenstände des Anlagevermögens [⇨ 010] und Umlaufvermögens erweist sich häufig als problematisch. So sollte das Abstoßen von Vorräten zu Zwecken der Innenfinanzierung nur als Notmaßnahme gelten. Verkäufe von Anlagen können gegebenenfalls zu Verlusten und zur Gefährdung der Betriebsbereitschaft führen.

Finanzierung, *fristenbezogene*	Olfert/Reichel (2005 + 2008); Perridon/ Steiner (2006); Wöhe/Bilstein (2002)	052

Die Finanzierung [⇨ 048] nach unterschiedlichen Fristigkeiten kann sein:

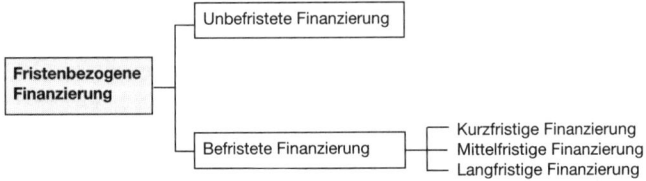

Bei der **unbefristeten Finanzierung** steht dem Unternehmen das Kapital [⇨ 114] ohne eine zeitliche Begrenzung zur Verfügung, z. B. das von den Gesellschaftern des Unternehmens eingebrachte Eigenkapital [⇨ 039] im Rahmen der Beteiligungsfinanzierung [⇨ 019].

Bei der **befristeten Finanzierung** kann das Unternehmen nur innerhalb einer bestimmten Zeitgrenze über das Kapital verfügen, z. B. bei der Fremdfinanzierung [⇨ 070]. Die Finanzierung ist fristbezogen möglich als:

- **Kurzfristige Finanzierung**, deren Laufzeit bis zu 1 Jahr beträgt.
- **Mittelfristige Finanzierung**, die eine Laufzeit von 1 Jahr bis 5 Jahren hat.
- **Langfristige Finanzierung** mit einer Laufzeit über 5 Jahre.

Die zeitliche Abgrenzung von mittelfristiger und langfristiger Finanzierung erfolgt mitunter auch mit anderen Fristen, z. B. 1 bis 4 Jahre bzw. über 4 Jahre.

Die Finanzierung [⇨ 048] im Außenhandel ist eine **Sonderform der Absatzfinanzierung**, die sich mit der Kapitalbeschaffung für einen Zeitraum befasst, der frühestens mit der Leistungsvorbereitung im Exportland beginnt und spätestens beim Zahlungseingang vom Abnehmer des Importeurs endet. Sie schließt die zeitliche Disposition zur Abwicklung des Zahlungsverkehrs [⇨ 195] und zur Abwälzung der finanziellen Außenhandelsrisiken mit ein. Im Hinblick auf die **Fristigkeit** gibt es:

Die Finanzierung im Außenhandel ist in zwei **Formen** möglich:

- Die **Importfinanzierung** ist die Beschaffung von Fremdkapital [⇨ 073] zur Abwicklung von Einfuhrgeschäften. Sie umfasst z. B. den Zeitraum von der Eröffnung des Akkreditivs bis zur Einlösung der Dokumente während oder nach Beendigung des Transports.

- Die **Exportfinanzierung** ist die Beschaffung von Fremdkapital zur Durchführung von Ausfuhrgeschäften. Sie beginnt bereits mit der Herstellung bzw. dem Einkauf der zu exportierenden Ware und umfasst die Finanzierung der Transportdauer und des Zahlungsziels.

Die Finanzierung [⇨ 048] mit unterschiedlichen Kapitalarten lässt sich unterscheiden in:

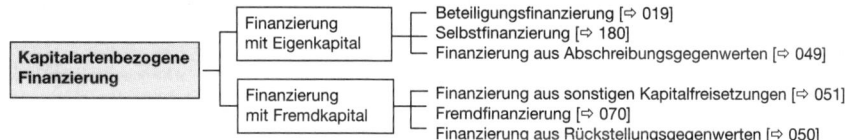

Die **Beteiligungsfinanzierung** dient dazu, Eigenkapital [⇨ 039] von außerhalb des Unternehmens zuzuführen. Deshalb wird auch von einer **Einlagenfinanzierung** gesprochen. Bei der **Selbstfinanzierung** werden erzielte Gewinne des Unternehmens, die Eigenkapital darstellen, nicht an die Eigenkapitalgeber ausgeschüttet, sondern investiert.

Bei der **Finanzierung aus Abschreibungsgegenwerten** wird angestrebt, das gebundene Kapital wieder freizusetzen und gegebenenfalls die Kapazität des Unternehmens zu erweitern. Sie ist grundsätzlich eine Finanzierung mit Eigenkapital, kann auch Fremdkapitalanteile enthalten. Die **Finanzierung aus sonstigen Kapitalfreisetzungen** erfolgt durch Maßnahmen der Rationalisierung oder den Verkauf von Vermögensteilen, die keine Absatzgüter sind. Sie wird der Finanzierung mit Fremdkapital zugerechnet, kann auch Eigenkapitalanteile aufweisen.

Bei der **Fremdfinanzierung** wird dem Unternehmen von außerhalb Fremdkapital [⇨ 073] in Form von Geld, Sachgütern oder des »guten Namens« zugeführt. Sie wird auch **Kreditfinanzierung** genannt. Die **Finanzierung aus Rückstellungsgegenwerten** erfolgt, indem der Aufwand für Rückstellungen sofort verrechnet wird, die Auszahlungen aber erst in späteren Perioden erfolgen.

Die Finanzierung [⇨ 048] nach unterschiedlicher Herkunft des Kapitals [⇨ 114] kann sein:

Die **Außenfinanzierung** ist die Zuführung des Kapitals von außerhalb des Unternehmens, unbeschadet seiner rechtlichen Stellung, d. h. es kann sich um Eigenkapital [⇨ 039] oder Fremdkapital [⇨ 073] handeln:

• Wird Eigenkapital von außen zugeführt, erfolgt eine **Beteiligungsfinanzierung**.
• Fließt Fremdkapital von außen zu, liegt eine **Fremdfinanzierung** vor.

Bei der **Innenfinanzierung** [⇨ 090] erfolgt die Finanzierung des Unternehmens von innen, d. h. aus eigener Kraft. Dabei fließen ihm Umsatzerlöse und sonstige Erlöse zu, die für Maßnahmen der Finanzierung verwendet werden können:

• Die **Finanzierung aus Umsatzerlösen**, die auch **Überschussfinanzierung** oder **Cashflow-Finanzierung** genannt wird. Sie umfasst die Selbstfinanzierung [⇨ 180] und die Finanzierung aus Abschreibungsgegenwerten [⇨ 049] sowie aus Rückstellungsgegenwerten [⇨ 050].

• Die **Finanzierung aus sonstigen Kapitalfreisetzungen** [⇨ 051] erfolgt durch Maßnahmen der Rationalisierung oder durch den Verkauf von Vermögensteilen, die keine Absatzgüter sind.

Außer der fristbezogenen, kapitalartenbezogenen und kapitalherkunftbezogenen Finanzierung gibt es:

• Die Finanzerung, die nach **unterschiedlichen Zwecken** unterschieden werden kann. Sie dient z. B. der Beschaffung von Gütern, kann aber auch finanzierungseigene Zwecke haben. Es gibt:

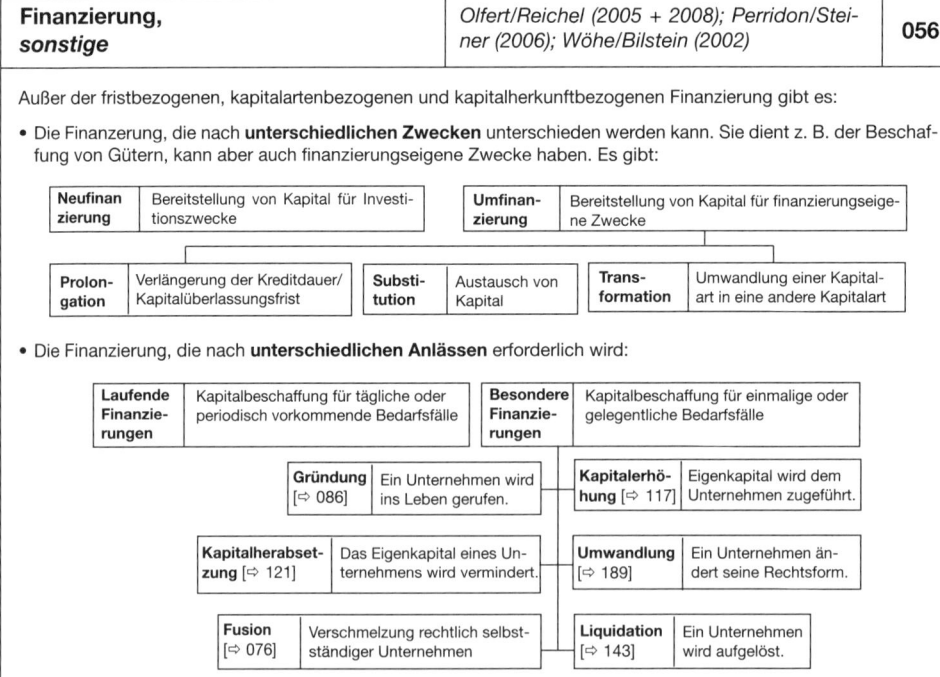

• Die Finanzierung, die nach **unterschiedlichen Anlässen** erforderlich wird:

Die »sonstige« Finanzierungsanalyse bezieht sich insbesondere auf folgende **Kennzahlen**:

• Den **Bilanzkurs**, der den »inneren Wert« einer Aktie [⇨ 001] aufgrund der vorhandenen Vermögenssubstanz aufzeigt. Er wird ermittelt:

$$\text{Bilanzkurs} = \frac{\text{Eigenkapital} \cdot 100}{\text{Gezeichnetes Kapital}}$$

wobei:

	Gezeichnetes Kapital
+	Kapitalrücklage
+	Gewinnrücklagen
+	Gewinnvortrag
−	Verlustvortrag
=	**Bilanziertes Eigenkapital**

Im Vergleich mit dem **Börsenkurs** [⇨ 028] der Aktie kann offengelegt werden, in welchem Umfang der Wert eines Unternehmens durch Faktoren verändert wird, die nicht aus der Bilanz [⇨ 022] ersichtlich sind, z. B. die stillen Reserven und der **Goodwill** (= Ruf) des Unternehmens.

Unter Berücksichtigung der stillen Reserven, die sich durch bilanzielle Bewertungsmaßnahmen – Unterbewertung von Vermögen, Überbewertung von Schulden – ergeben können, ist der **korrigierte Bilanzkurs**:

$$\text{Korrigierter Bilanzkurs} = \frac{\text{Bilanziertes Eigenkapital} + \text{Stille Reserven}}{\text{Gezeichnetes Kapital}} \cdot 100$$

• Die **Kreditanspannung**, mit deren Hilfe die Möglichkeiten der Finanzierung [⇨ 048] durch Lieferantenkredit [⇨ 142] angedeutet werden können. Eine steigende Kreditanspannung lässt vermuten, dass Lieferantenkredite

$$\text{Kreditanspannung} = \frac{\text{Wechselverbindlichkeiten}}{\text{Warenschulden}}$$

weitgehend ausgeschöpft sein könnten, was bei Nichtausnutzung von Skonti zu einer Verminderung der Rentabilität [⇨ 171] führen könnte.

Finanzierungsregeln werden vielfach als »**Qualitätsnormen**« angesehen, mit deren Hilfe die Kapitalstruktur [⇨ 124] eines Unternehmens optimiert und sein Bestand langfristig erhalten werden soll. Es werden unterschieden:

Vertikale Finanzierungsregeln	1:1-Regel		$\dfrac{\text{Fremdkapital}}{\text{Eigenkapital}} \leq 1$
	2:1-Regel		$\dfrac{\text{Fremdkapital}}{\text{Eigenkapital}} \leq 2$
Horizontale Finanzierungsregeln	Goldene Bilanzregeln	im engen Sinne:	$\dfrac{\text{Anlagevermögen}}{\text{Eigenkapital}} \leq 1$
		im weiteren Sinne:	$\dfrac{\text{Anlagevermögen}}{\text{Eigenkapital} + \text{langfristiges Fremdkapital}} \leq 1$
	Goldene Finanzierungsregeln		$\dfrac{\text{Kurzfristiges Vermögen}}{\text{Kurzfristiges Kapital}} \geq 1$
			$\dfrac{\text{Langfristiges Vermögen}}{\text{Langfristiges Kapital}} \leq 1$

In der Praxis sind die Finanzierungsregeln aber wenig geeignet, die Optimierung und den Bestandserhalt sicherzustellen. Für jedes Unternehmen gibt es letztlich ein anderes **strukturelles Optimum**. Deshalb sollte stets vom Einzelfall ausgegangen werden.

Von Bedeutung sind die Finanzierungsregeln aber dennoch, wenn Fremdkapitalgeber das Unternehmen mit ihrer Hilfe bezüglich seiner Kreditwürdigkeit beurteilen.

Kennzahlen [⇨ 127] zur Analyse der Finanzierungsstruktur sind:

$$\text{Eigenkapital-anteil} = \frac{\text{Eigenkapital}}{\text{Gesamtkapital}} \cdot 100$$

Das **Eigenkapital** setzt sich aus mehreren Bilanzpositionen zusammen. Wird es dem Gesamtkapital gegenübergestellt, dann ergibt sich der Eigenkapitalanteil, der auch als **Eigenkapitalquote** bezeichnet wird.

$$\text{Rücklagen-quote} = \frac{\text{Rücklagen}}{\text{Eigenkapital}} \cdot 100$$

Die **Rücklagenquote** zeigt die Selbstfinanzierung [⇨ 180] aus Gewinnen an. Ihre Höhe ist eine wichtige Voraussetzung für das Wachstum des Unternehmens.

$$\text{Selbstfinan-zierungsgrad} = \frac{\text{Gewinnrücklagen}}{\text{Gesamtkapital}} \cdot 100$$

Der **Selbstfinanzierungsgrad** gibt an, in welchem Umfang die Gewinnrücklagen zur Bildung des Gesamtkapitals beigetragen haben.

$$\text{Anspannungs-koeffizient} = \frac{\text{Fremdkapital}}{\text{Gesamtkapital}} \cdot 100$$

Der **Anspannungskoeffizient** zeigt den relativen Anteil des Fremdkapitals [⇨ 073] am Gesamtkapital. Seine zweckmäßige Höhe ist nicht generell festlegbar, sondern von Branche, Unternehmen und Situation her unterschiedlich zu beurteilen. Er wird auch **Kapitalanspannung** genannt.

$$\text{Verschuldungs-koeffizient} = \frac{\text{Fremdkapital}}{\text{Eigenkapital}} \cdot 100$$

Der **Verschuldungskoeffizient** gibt an, inwieweit das Unternehmen von außenstehenden Dritten im Verhältnis zu dem Anteil der Unternehmenseigentümer finanziert wurde. Dabei geht es ebenfalls um das Problem, das in vertikalen **Finanzierungsregeln** [⇨ 058] seinen Niederschlag findet.

Die Finanzkontrolle stellt die **Überwachung** und **Untersuchung** der betrieblichen Finanzierung [⇨ 048] dar. Sie ist Teil des Finanzcontrolling und kann erfolgen als:

- **Kontrolle** der **Finanzplanung** [⇨ 062], indem Plansätze und Istwerte gegenübergestellt und die Abweichungen festgehalten werden, die einer Analyse zu unterziehen sind.

- **Analyse der Kennzahlen** [⇨ 127] zur Finanzierung [⇨ 048], Liquidität [⇨ 146] und Rentabilität [⇨ 171] (Abb.):

  ▶ Deckungsgrad A, B, C
  ▶ Liquidität 1., 2., 3. Grades
  ▶ Gesamtkapital-, Eigenkapital-, Umsatzrentabilität (= Umsatzrendite)

- **Analyse des Cashflow** [⇨ 030], bei welcher der Selbstfinanzierungsspielraum und die Finanzkraft des Unternehmens untersucht werden.

Deckungsgrad A	$\dfrac{\text{Eigenkapital}}{\text{Anlagevermögen}} \cdot 100$
Deckungsgrad B	$\dfrac{\text{Eigenkapital + langfristiges Fremdkapital}}{\text{Anlagevermögen}} \cdot 100$
Deckungsgrad C	$\dfrac{\text{Eigenkapital + langfristiges Fremdkapital}}{\text{Anlagevermögen + langfristig gebundenes Umlaufvermögen}} \cdot 100$
Liquidität 1. Grades	$\dfrac{\text{Zahlungsmittelbestand}}{\text{Kurzfristige Verbindlichkeiten}} \cdot 100$
Liquidität 2. Grades	$\dfrac{\text{Kurzfristiges Umlaufvermögen}}{\text{Kurzfristige Verbindlichkeiten}} \cdot 100$
Liquidität 3. Grades	$\dfrac{\text{Gesamtes Umlaufvermögen}}{\text{Kurzfristige Verbindlichkeiten}} \cdot 100$
Gesamtkapitalrentabilität	$\dfrac{\text{Gewinn + Fremdkapitalzinsen}}{\text{Gesamtkapital}} \cdot 100$
Eigenkapitalrentabilität	$\dfrac{\text{Gewinn}}{\text{Eigenkapital}} \cdot 100$
Umsatzrentabilität	$\dfrac{\text{Gewinn}}{\text{Umsatz}} \cdot 100$

Der Finanzplan ist eine tabellarische Übersicht der prognostizierten oder vorgegebenen Einzahlungen und Auszahlungen eines Unternehmens für einen bestimmten Zeitraum. Mit seiner Hilfe kann der betriebliche **Kapitalbedarf** [⇨ 115] berechnet werden. Für die kontinuierliche Finanzplanung [⇨ 062] ist er unentbehrlich.

Der Finanzplan kann innerhalb der **Einzahlungen** und **Auszahlungen** sachlich unterschiedlich und/oder verschieden tief gegliedert sein. Sein Aufbau ist umso differenzierter möglich, je kurzfristiger der Planungshorizont ist.

Sind die Einzahlungen kleiner als die Auszahlungen, entsteht ein **Kapitalbedarf**. Im umgekehrten Falle ergibt sich ein **Kapitalüberschuss**.

Da der Finanzplan auf **Prognosen** basiert, bietet es sich an, elastische, alternative oder rollierende Finanzpläne zu erstellen bzw. Liquiditätsreserven [⇨ 150] zu berücksichtigen, um der Unsicherheit bei der Entwicklung der künftigen Einzahlungen und Auszahlungen gerecht zu werden.

Beträge in €	Januar		Februar		März	
	Plan	Ist	Plan	Ist	Plan	Ist
A. Zahlungsmittel-Anfangsbestand						
Einzahlungen						
Umsätze						
Sachanlagen						
Immaterielle Anlagen						
Finanzanlagen						
Eigenkapital						
Fremdkapital						
Zinsen/Provisionen/Gewinne						
B. Gesamte Einnahmen						
Auszahlungen						
Sachanlagen						
Immaterielle Anlagen						
Finanzanlagen						
Material						
Personal						
Steuern/Abgaben						
Eigenkapital						
Fremdkapital						
Zinsen/Provisionen/Gewinne						
Sonstige						
C. Gesamte Auszahlungen						
D. Zahlungsmittel Schlussbestand (A + B – C)						

Die Finanzplanung ist die planerische Tätigkeit im finanzwirtschaftlichen Bereich des Unternehmens. Sie beruht auf den vom Finanzmanagement vorgegebenen **Zielen** und stellt einen gedanklichen Prozess dar, liegt vor der Durchführung und ist auf zukünftiges Handeln gerichtet.

Mit der Finanzplanung werden die zu treffenden **dispositiven Maßnahmen** vorweggenommen, indem sie die im Planungszeitraum anfallenden Auszahlungen und Einzahlungen schätzt und/oder berechnet. Die Finanzplanung ermittelt den sich daraus ergebenden **Kapitalbedarf** und plant Maßnahmen, welche die Beschaffung fehlenden Kapitals [⇨ 114] bzw. die Anlage überschüssigen Kapitals umfassen. Es sind zu unterscheiden:

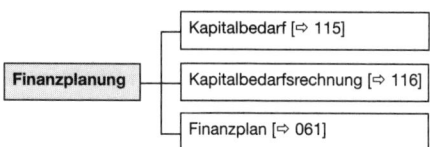

Die Finanzplanung ist regelmäßig, vollständig, zeitpunkt- und betragsgenau sowie kontrollierbar vorzunehmen. Sie dient der zielgerichteten Gestaltung des finanzwirtschaftlichen Bereiches, insbesondere der Sicherung von **Liquidität** [⇨ 146], **Rentabilität** [⇨ 171] und **Unabhängigkeit** des Unternehmens.

Entsprechend ihrer **Fristigkeit** ist die Finanzplanung eine langfristige bzw. strategische (über 5 Jahre) oder mittelfristige bzw. taktische (ein bis 5 Jahre) oder kurzfristige bzw. operative Planung, die auf der oberen, mittleren bzw. unteren Führungsebene erfolgt.

Finanzprognose	*Olfert/Reichel (2005 + 2008); Perridon/Steiner (2006); Wöhe/Bilstein (2002)*	**063**

Um einen Finanzplan [⇨ 061] erstellen zu können, sind Prognosen über die in der Zukunft liegende Entwicklung der Einzahlungen und Auszahlungen notwendig. Als **Verfahren** auf der Grundlage extrapolierender Prognosen sind zu unterscheiden:

• Das **Mittelwert-Verfahren** als das einfachste Verfahren. Es kann erfolgen als:

Gleitendes Mittelwert-Verfahren	Dabei werden die Werte meherer, in der Zahl festgelegter Perioden der Vergangenheit erfasst und durch die Zahl der zu Grunde liegenden Perioden dividiert.
Gewogenes gleitendes Mittelwert-Verfahren	Mit seiner Hilfe lassen sich trendmäßige Entwicklungen früher erkennen als beim nicht gewichteten Mittelwert, wenn den jüngeren Perioden ein größeres Gewicht zugemessen wird als den älteren Werten, was für die Finanzplanung hilfreich sein kann.

• Die **exponentielle Glättung**, die das wichtigste Verfahren der extrapolierenden Prognose darstellt. Bei ihr erfolgt die Gewichtung der Perioden durch einen Glättungsfaktor.

• Die **Trendrechnung**, die eine vereinfachte Form der linearen Regressionsanalyse ist. Mit ihrer Hilfe können trendmäßige Entwicklungen offengelegt werden.

Da die Finanzprognose nur ein Hilfsmittel zur Abschätzung künftiger Einzahlungen und Auszahlungen ist, muss sie duch **Sicherungen** ergänzt werden, die sein können:

• Erstellung **elastischer Finanzpläne** mit verschiedenen Fristigkeiten
• Erstellung **rollierender Finanzpläne** als Detail- bzw. Rahmenpläne
• Erstellung **alternativer Finanzpläne** (pessimistisch, realistisch, optimistisch)
• Bildung von **Liquiditätsreserven** [⇨ 150].

Finanzstrategie	*Ehrmann (2007a); Olfert/Reichel (2005 + 2008); Perridon/Steiner (2006)*	**064**

Die Finanzstrategie ist eine betriebliche Handlungsanweisung, die langfristig für den Bereich des Finanzwirtschaft [⇨ 065] festgelegt bzw. auf die Verwirklichung der finanzwirtschaftlichen Ziele ausgerichtet ist. Sie kann sein:

• Das **Sichern der Liquidität** [⇨ 146], z. B. durch Gegenüberstellung der flüssigen Mittel und der jeweiligen Zahlungsverpflichtungen.

• Eine **zweckentsprechende Innenfinanzierung** [⇨ 090], z. B. durch sinnvolle Verwendung des Cashflow [⇨ 030].

• Eine vernünftige **Außenfinanzierung**, z. B. durch Erhöhung der Rentabilität [⇨ 171], durch Nutzung des Leverage effects [⇨ 141] bzw. steigende Investitionsrenditen.

• Das **Stärken der Eigenkapitalbasis**, z. B. durch Nutzung staatlicher Mittel, durch Einschaltung von Kapitalbeteiligungsgesellschaften als »Venture Capital«-Gesellschaften, durch Verhaltensänderungen am Kapitalmarkt.

• Das **Verringern von Währungsrisiken**, z. B. durch Maßnahmen der Risikokompensation bzw. durch eine flexible Absicherungsstrategie.

• Die zweckentsprechende **Beschaffung finanzieller Mittel**, z. B. durch Erschließung von neuen Kapitalquellen.

Die Finanzstrategie soll zu einer günstigen Kapitalausstattung, zu einer angemessenen Kapitalstruktur [⇨ 124] sowie zur langfristigen Rentabilitäts- und Liquiditätssicherung beitragen.

Finanzwirtschaft	*Däumler (2002); Olfert/Reichel (2005 + 2008); Perridon/Steiner (2006); Wöhe/Bilstein (2002)*	**065**

Die Finanzwirtschaft umfasst alle Maßnahmen der Planung, Durchführung und Kontrolle der betrieblichen Einzahlungen und Auszahlungen. Im finanzwirtschaftlichen Prozess [⇨ 163] wird Kapital [⇨ 114] beschafft, verwendet, wieder freigesetzt und verwaltet. Dementsprechend werden als **Funktionen** der Finanzwirtschaft unterschieden:

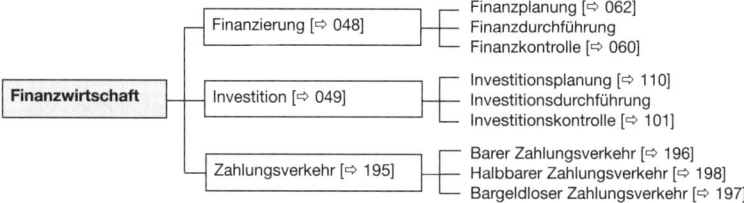

Organisatorisch kann die Finanzwirtschaft im Unternehmen unterschiedlich eingegliedert werden. Unter der Annahme einer **Linienorganisation** kann sie sein:

- Bei **kleineren** und gegebenenfalls auch **mittleren Unternehmen** ein mit dem Rechnungswesen zusammengefasster bzw. diesem angegliederter Bereich.

- Bei **größeren** und **großen Unternehmen** ein eigenständiger Bereich, der gleichberechtigt neben den anderen Unternehmensbereichen steht.

Die Finanzwirtschaft wird vom **Finanzmanagement** gestaltet, das die Aufgabe hat, den finanzwirtschaftlichen Bereich zielorientiert und erfolgreich zu führen.

Firma	*Capelle/Canaris (2006); Olfert (2005); Olfert/Rahn (2008;) Olfert/Reichel (2003)*	**066**

Die Firma eines Kaufmanns ist der Name, unter dem er im Handel seine Geschäfte betreibt und die Unterschrift abgibt (§ 17 HGB). Der Kaufmann tritt im Handelsverkehr mit seiner Firma auf. Er kann unter seiner Firma klagen und verklagt werden. Außerdem erwirbt er Forderungen und geht Verbindlichkeiten im Namen seiner Firma ein.

Firmengrundsätze sind nach §§ 3, 18, 21, 22, 30, 37 HGB:

- **Wahrheit:** Firmenkern muss bei Gründung wahr sein; täuschende Zusätze sind verboten.
- **Klarheit:** Sie bezieht sich auf den Firmenzusatz, z. B. »Baustoffe«.
- **Beständigkeit:** Beim Wechsel des Inhabers kann die Firma erhalten bleiben.
- **Ausschließlichkeit:** Jede Firma am Ort muss sich von anderen Firmen unterscheiden.

Arten der Firma können sein:

- Die **Personenfirma** mit Personennamen, z. B. Müller & Schulz OHG.

- Die **Sachfirma**, mit einer Sachbezeichnung, z. B. bei der AG als »Deutsche Bank«.

- Die **gemischte Firma** mit Personen- und Sachelementen, z. B. »Photo Porst KG«, »Stahlbau Schäfer GmbH« oder »Sport Meyer OHG«.

- Die **Fantasiefirma** mit einer häufig vom Markenzeichen abgeleiteten Bezeichnung, z. B. »Coca Cola GmbH« oder auch »Sakrimista OHG«, »Fixaflex Werke GmbH«.

Die **Anmeldung** der Firma muss bei Krankenkasse (Mitarbeiter), Berufsgenossenschaft (Unfallversicherung), Ortsbehörde (Gewerbeamt), Gewerbeaufsichtsamt (Arbeitsschutz), Finanzamt (Steuernummer), Industrie- und Handelskammer (Betriebsnummer), Post (Anschrift, Postfach, Telefon) und Amtsgericht (Handelsregister-Eintragung) vorgenommen werden.

Der Firmenwert ist die Differenz zwischen dem Zukunftserfolgswert und dem Teilreproduktionswert. Er wird auch als **Geschäftswert** oder **Goodwill** bezeichnet und kann positiver Natur sein.

$$F = EW - RW$$

F = Firmenwert
EW = Ertragswert als Zukunftserfolgswert
RW = (Teil-)Reproduktionswert

Arten des Firmenwertes sind:

- Der **originäre Firmenwert**, der sich im Laufe des Bestehens und der Entwicklung des Unternehmens ergibt. Eine Aufnahme des originären Firmenwertes unter die Vermögenspositionen der Bilanz [⇨ 022] ist nach § 248 Abs. 2 HGB sowie ebenso nach § 5 Abs. 2 EStG nicht gestattet.

- Der **derivative Firmenwert**, der vom Käufer eines Unternehmens im Rahmen des Gesamtkaufpreises gezahlt wird. Er kann in folgender Weise ermittelt werden:

	Gesamtkaufpreis bei Übernahme eines Unternehmens
–	Werte der einzelnen Vermögensgegenstände des Unternehmens im Zeitpunkt der Übernahme
=	**Derivativer Firmenwert**

Im Gegensatz zum originären Firmenwert besteht für den derivativen Firmenwert nach **Handelsrecht** ein **Aktivierungsrecht** (§ 255 Abs. 5 Satz 1 HGB). In diesem Falle ist der Betrag gesondert auszuweisen und in jedem folgenden Geschäftsjahr zu mindestens einem Viertel durch Abschreibungen zu tilgen (§ 255 Abs. 4 Satz 2 HGB). Nach dem Steuerrecht gilt für den derivativen Firmenwert eine **Aktivierungspflicht** (§ 5 Abs. 2 EStG). Er ist auf der Grundlage einer (fiktiven) betriebsgewöhnlichen Nutzungsdauer von 15 Jahren linear abzuschreiben (§ 7 Abs. 1 Satz 3 EStG).

Die Forfaitierung ist eine Sonderform der **Fremdfinanzierung** [⇨ 070]. Sie basiert auf dem Ankauf von Forderungen, die meist aus dem Export von Investitionsgütern entstehen, wobei der Forfaitist das Ausfallrisiko übernimmt. Damit weist die Forfaitierung eine Ähnlichkeit zum **Factoring** [⇨ 047] auf. Wie der Factor nimmt der Forfaitist ebenfalls die

- Delkrederefunktion
- Finanzierungsfunkion

wahr, allerdings nicht – wie dort – im Hinblick auf Forderungsgesamtheiten, sondern in Bezug auf jeweils **einzelne Forderungen**. Aus diesem Grund kommt der Dienstleistungsfunktion hier keine Bedeutung zu. Ein weiterer Unterschied ist, dass die Forfaitierung mittelfristiger, mitunter sogar langfristiger Natur sein kann.

Der Forfaitist ist bestrebt, sein **Risiko** so gering wie möglich zu halten. Er haftet lediglich für den rechtlichen Bestand der Forderung. Als **Sicherheit** [⇨ 183] kann ihm dienen, dass die Forderung:

- In Wechselform besteht
- Auf einem Akkreditiv beruht
- Durch Bankgarantie gesichert ist
- Durch eine Ausfuhrgarantie gedeckt ist
- Durch eine Ausfallbürgschaft des Bundes gesichert ist.

Die **Kapitalkosten** [⇨ 123] für die Forfaitierung sind relativ hoch und nach Land und Laufzeit sehr unterschiedlich. Dafür ist der Klient andererseits in der Lage, die Vorteile eines Barverkaufes zu nutzen. Es bestehen für die gesamte Laufzeit feste Zinssätze. Kreditversicherungskosten fallen nicht an.

Franchising	*Liesegang (2003); Olfert/Reichel (2008);* *Thomas (2003); Weis (2007a+b)*	**069**

Das Franchising ist ein aus den USA stammendes Finanzierungs- und Absatzsystem, das seit Ende der sechziger Jahre in Deutschland bekannt ist und zunehmend an Bedeutung gewonnen hat. Es stellt eine Form der **Kooperation** dar und geht erheblich über ein Lizenzsystem hinaus, weil mit ihm ein umfassendes Vertriebssystem in allen Einzelheiten geregelt ist.

Dabei räumt ein Franchise-Geber aufgrund einer langfristigen vertraglichen Bindung rechtlich selbstständig bleibenden Franchise-Nehmern gegen Entgelt das Recht ein, bestimmte Waren oder Dienstleistungen anzubieten. Dies geschieht unter Verwendung des Namens, des Warenzeichens, der Ausstattung oder sonstiger Schutzrechte sowie der technischen und gewerblichen Erfahrungen des Franchise-Gebers und unter Beachtung des von ihm entwickelten Absatz- und Organisationssystems.

Außenstehenden Dritten erscheint das Unternehmen des Franchise-Nehmers wie eine Filiale des Franchise-Gebers, z. B. Avis, Benetton, Coca Cola, Eduscho, Hertz, Holiday Inn, Mc Donalds, Nordsee, Porst, Rodier, Rosenthal, Salamander. Für beide Partner ergeben sich **Vorteile**:

- Der **Franchise-Geber** hat mit diesem Konzept die Möglichkeit, mit begrenzten finanziellen Mitteln und personellen Kapazitäten rasch zu expandieren, ohne dass er das (volle) Risiko zu tragen hat. Er haftet auch nicht für Schulden des Franchise-Nehmers.

- Der **Franchise-Nehmer** erhält im Rahmen des Vertrages weitgehende Selbstständigkeit und kann Vorteile aus dem Image des Franchise-Gebers nutzen. Außerdem erhält er dessen Unterstützung und Beratung.

Als **Kapitalkosten** [⇨ 123] hat der Franchise-Nehmer meist eine einmalige Gebühr zu entrichten sowie laufend 1 % bis 3 % des Umsatzes abzuführen. Außerdem muss er die Investitionskosten ganz oder teilweise tragen.

Fremdfinanzierung	*Däumler (2002); Eilenberger (2003);* *Olfert/Reichel (2008); Wöhe/Bilstein (2002)*	**070**

Die Fremdfinanzierung dient dazu, dem Unternehmen Fremdkapital [⇨ 073] von außen zuzuführen. Sie ist eine Form der Außenfinanzierung und wird auch als **Kreditfinanzierung** bezeichnet. Als Fremdkapitalgeber kommen vor allem Kreditinstitute, Lieferanten und Kunden in Betracht, die Geld, Sachgüter oder lediglich ihren »guten Namen« zur Verfügung stellen.

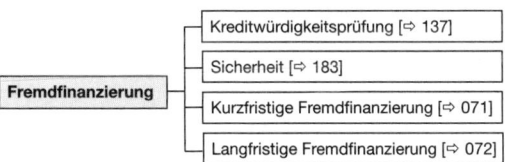

Die Kreditinstitute haben bei der Hingabe von Fremdkapital hohe Informationserwartungen, die sie im Rahmen von **Kreditwürdigkeitsprüfungen** befriedigen. Zudem begrenzen Fremdkapitalgeber vielfach ihre Risiken, indem sie die Bereitstellung von **Sicherheiten** fordern.

Bei der kurzfristigen Fremdfinanzierung wird eine Verfügbarkeit des Fremdkapitals von höchstens einem Jahr zu Grunde gelegt, sofern es sich nicht um **Warenkredite** handelt, die immer hierzu rechnen. Die langfristige Fremdfinanzierung beginnt mit einer Laufzeit von fünf Jahren.

Kapitalkosten [⇨ 123] sind – als Entgelt für das Fremdkapital – die Zinsen [⇨ 200], die als fester oder variabler, vom Basiszins als Referenzzinssatz abhängiger Satz vereinbart werden können. Weiter zählen dazu Provisionen, Bearbeitungsgebühren, Disagio, Kosten der Stellung bzw. Rückerstattung von Sicherheiten, Bereitstellungsprovisionen und Überziehungsprovisionen.

Die kurzfristige Fremdfinanzierung ist die Zuführung von Fremdkapital [⇨ 073], dessen Verfügbarkeit im Unternehmen ein Jahr grundsätzlich nicht übersteigt. Unabhängig von dieser Laufzeit werden **Warenkredite** aller Art der kurzfristigen Fremdfinanzierung zugerechnet.

Formen der kurzfristigen Fremdfinanzierung sind:

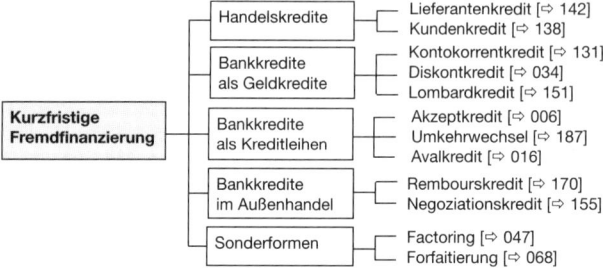

Für ein fremdfinanzierendes Unternehmen wird es nicht *den* optimalen Kredit [⇨ 136] geben, für den es sich entscheidet. Vielmehr werden sich geeignete – auch unter Einbeziehung des langfristigen Fremdkapitals – für die jeweiligen betrieblichen Situationen zweckdienliche Kombinationen von Krediten als **Kredit-Mix** anbieten.

Die kurzfristige Fremdfinanzierung kann **langfristige Wirkung** haben, wenn kurzfristige Kredite immer wieder eingeräumt werden oder immer wieder Prolongationen erfolgen.

Die langfristige Fremdfinanzierung ist die Zuführung von Fremdkapital [⇨ 073] mit einer Laufzeit von mehr als fünf Jahren. Sie bietet sich insbesondere für die Finanzierung des Anlagevermögens [⇨ 010] an, das beträchtliche Finanzmittel erfordert, die i.d.R. nicht allein aus dem Eigenkapital [⇨ 039] aufgebracht werden können.

Formen der langfristigen Fremdfinanzierung sind:

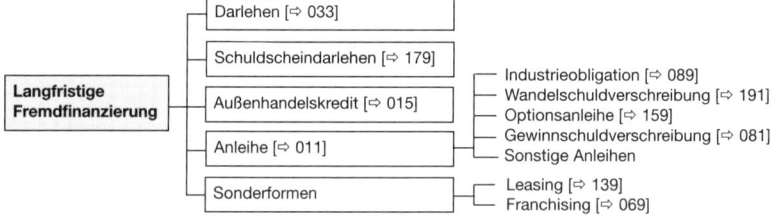

Eine Fremdfinanzierung mit langfristiger Wirkung ist auch mithilfe der **kurzfristigen Fremdfinanzierung** [⇨ 071] möglich, indem:

- Kurzfristige Kredite [⇨ 136] immer wieder eingeräumt werden
- Prolongationen immer wieder erfolgen.

In der Praxis kommt das häufig vor, gerade bei kleinen und mittleren Unternehmen, welche auf eine Kreditfinanzierung angewiesen sind, die von deren Kreditinstituten vielfach aber nicht langfristig gewährt wird.

Fremdkapital	Adler/Düring/Schmaltz. (2002); Coenenberg (2005); Olfert/Reichel (2005 + 2008)	073

Das Fremdkapital ist die Gesamtheit der Schulden, die auf der Passiv-Seite der Bilanz [⇨ 022] ausgewiesen sind. Es setzt sich grundsätzlich aus mehreren Positionen zusammen. Nach dem Gliederungsschema des § 266 Abs. 2 HGB, das nur auf **Kapitalgesellschaften** [⇨ 120] ausgerichtet ist, nach herrschender Meinung aber grundsätzlich auch von Nicht-Kapitalgesellschaften anzuwenden ist, umfasst es:

> B. **Rückstellungen** [⇨ 177]:
>   1. Rückstellungen und Pensionen und ähnliche Verpflichtungen;
>   2. Steuerrückstellungen;
>   3. sonstige Rückstellungen.
>
> C. **Verbindlichkeiten**:
>   1. Anleihen, davon konvertibel;
>   2. Verbindlichkeiten gegenüber Kreditinstituten;
>   3. erhaltene Anzahlungen auf Bestellungen;
>   4. Verbindlichkeiten aus Lieferungen und Leistungen;
>   5. Verbindlichkeiten aus der Annahme gezogener Wechsel und der Ausstellung eigener Wechsel;
>   6. Verbindlichkeiten gegenüber verbundenen Unternehmen;
>   7. Verbindlichkeiten gegenüber Unternehmen, mit denen ein Beteiligungsverhältnis besteht;
>   8. sonstige Verbindlichkeiten,
>   davon aus Steuern,
>   davon im Rahmen der sozialen Sicherheit.
>
> D. **Rechnungsabgrenzungsposten**

Das Fremdkapital dient, neben dem Eigenkapital [⇨ 039], der Finanzierung [⇨ 048] des Vermögens eines Unternehmens.

Fremdkapital, *Merkmale*	Coenenberg (2005); Ditges/Arendt (2007a); Drukarczyk (2003); Olfert/Reichel (2008)	074

Nach seiner **Fristigkeit** kann das Fremdkapital [⇨ 073] sein:

- **Kurzfristiges Fremdkapital**, das eine Laufzeit bis zu einem Jahr hat,
- **Mittelfristiges Fremdkapital**, das eine Laufzeit von einem Jahr bis fünf Jahren aufweist.
- **Langfristiges Fremdkapital**, dessen Laufzeit über fünf Jahre hinausgeht.

Das Fremdkapital weist im Übrigen folgende **Merkmale** auf:

Rechtsverhältnis	Das Fremdkapital begründet ein Schuldverhältnis.
Haftung	Der Fremdkapitalgeber haftet als Gläubiger des Unternehmens nicht.
Vermögen	Der Fremdkapitalgeber hat Anspruch auf Rückzahlung des zur Verfügung gestellten Kapitals [⇨ 114].
Entgelt	Der Fremdkapitalgeber hat grundsätzlich einen festen Zinsanspruch und ist nicht am Gewinn bzw. Verlust beteiligt.
Mitbestimmung	Der Fremdkapitalgeber ist grundsätzlich nicht zur Mitbestimmung berechtigt, praktisch kann dies aber in unterschiedlichem Umfang eingeräumt werden.
Verfügbarkeit	Das Fremdkapital ist grundsätzlich zeitlich begrenzt verfügbar.
Steuern	Fremdkapitalzinsen sind steuerlich als Aufwand absetzbar (mit Einschränkung bei der Gewerbesteuer.
Umfang	Das Fremdkapital ist durch die Einschätzung des mit der Hingabe verbundenen Risikos und den Umfang verfügbarer Sicherheiten [⇨ 183] begrenzt.
Interesse	Der Fremdkapitalgeber ist am Erhalt seines Kapitals interessiert.

Die Fundamentalanalyse ist ein Verfahren der **Beurteilung von Aktien** [⇨ 001]. Sie basiert auf dem Gedanken, dass der Kurs einer Aktie durch ihren inneren Wert bestimmt ist, der sich aus den unternehmensinternen und unternehmensexternen Daten ergibt. Dabei können z. B. ermittelt werden:

- Der **Bilanzkurs**, der den »inneren Wert« einer Aktie aufgrund der vorhandenen Vermögenssubstanz erkennen lässt.

- Der **Ertragswertkurs**, der den »inneren Wert« einer Aktie aufgrund gegebener Ertragserwartungen zeigt. Er wird ermittelt:

$$\text{Ertragswertkurs} = \frac{\text{Ertragswert}}{\text{Gezeichnetes Kapital}} \cdot 100 \qquad \text{wobei:} \qquad \boxed{\text{Ertragswert} = \text{siehe } [\Rightarrow 044]}$$

- Die **PER-Kennziffer** als vereinfachtes statisch orientiertes Beurteilungskriterium für die Vorteilhaftigkeit von Aktien. Sie stellt die **Price-Earning-Ratio** dar, das **Kurs-Gewinn-Verhältnis** von Aktien. Die PER-Kennziffer zeigt, zum Wievielfachen des Gewinnes eine Aktie gehandelt bzw. bewertet wird. Sie muss immer wieder neu ermittelt werden, da der Kurs normalerweise Schwankungen unterliegt.

$$\text{PER} = \frac{\text{Kurs}}{\text{Gewinn}}$$

Der **Kauf** von Aktien ist **vorteilhaft**, wenn die PER-Kennziffern niedriger sind. Untersuchungen zeigen, dass Aktien mit niedrigen PER-Kennziffern in den darauf folgenden Jahren eine günstigere Kursentwicklung haben als Aktien mit hohen PER-Kennziffern. Aktien mit hohen PER-Kennziffern werden dagegen keine großen Kurssteigerungen zugesprochen. Es muss im Gegenteil möglicherweise mit Kursverlusten gerechnet werden.

Die Fusion ist ein **Unternehmenszusammenschluss**, bei dem die Vereinigung von zwei oder mehreren rechtlich selbstständigen Unternehmen zu einer neuen wirtschaftlichen und rechtlichen Einheit erfolgt. Sie kann z. B. der Verbesserung der machtpolitischen Marktstellung oder der Schaffung von Rationalisierungsmöglichkeiten dienen. **Arten** der Fusion sind:

- Die **Fusion mit Einzelrechtsnachfolge**, bei der das Vermögen des übertragenden Unternehmens im Wege einzelner Übertragungsakte bzw. der Übertragung der Gesellschaftsanteile auf ein anderes Unternehmen transferiert wird. Sie ist erforderlich, wenn ein Einzelunternehmen [⇨ 041], eine GdbR [⇨ 078] oder eine Stille Gesellschaft [⇨ 184] an der Fusion beteiligt ist.

- Die **Fusion mit Gesamtrechtsnachfolge** geschieht, wenn Personenhandelsgesellschaften (OHG [⇨ 158], KG [⇨ 129]), Kapitalgesellschaften [⇨ 120] oder andere juristische Personen verschmolzen werden (UmwG). Sie kann sein:

Verschmelzung durch Aufnahme	Bei ihr überträgt ein Unternehmen sein Vermögen als Ganzes auf ein anderes, bereits bestehendes Unternehmen. Nach der Fusion existiert nur noch die übernehmende Gesellschaft.
Verschmelzung durch Neugründung	Dabei schließen sich zwei oder mehr Gesellschaften zusammen und übertragen ihr Vermögen als Ganzes auf eine neue Gesellschaft. Bei Aktiengesellschaften [⇨ 004] ist sie erst zulässig, wenn jede übertragende Gesellschaft mindestens 2 Jahre im Handelsregister [⇨ 088] eingetragen ist.

Die Verschmelzung muss bei Kapitalgesellschaften von den Gesellschafter- bzw. Hauptversammlungen der beteiligten Gesellschaften mit Drei-Viertel-Mehrheit beschlossen werden.

Die Ergebnisse einer Fusion schlagen sich in der **Fusionsbilanz** nieder.

Genossenschaft	Jung (2006a); Olfert (2005); Olfert/Reichel (2008); Olfert/Rahn (2008);	077

Die Genossenschaft ist eine Gesellschaft mit einer nicht geschlossenen Zahl von Mitgliedern, die einen wirtschaftlichen, seit 2006 auch kulturellen oder sozialen Zweck verfolgen. Sie bedienen sich dazu eines gemeinsamen Geschäftsbetriebes und sind üblicherweise als »eG« in das Genossenschaftsregister eingetragen. Für die Genossenschaft gilt das Genossenschaftsgesetz (GenG).

Die **Bedeutung** der Genossenschaft liegt im Zusammenschluss von wirtschaftlich Schwachen zur Selbsthilfe im Wettbewerb mit Großunternehmen. Sie wird dadurch erhöht, dass sich die Genossenschaften zu Verbänden zusammenschließen.

Mitglieder der Genossenschaft können natürliche und juristische Personen sein. Ihre **Gründung** [⇨ 086] erfordert ab drei Gründer, die eine Satzung aufstellen. **Organe** der Genossenschaft sind:

- Die **Generalversammlung**, die aus den Mitgliedern der Genossenschaft besteht. Bei mehr als 1.500 Mitgliedern kann, bei über 3.000 Mitgliedern muss eine **Vertreterversammlung** die Rechte der Generalversammlung ausüben.

- Der **Aufsichtsrat**, der mindestens drei natürliche Personen umfasst. Seine Hauptaufgaben bestehen darin, den Vorstand zu überwachen und den Jahresabschluss zu prüfen.

- Der **Vorstand**, der grundsätzlich aus mindestens zwei Mitgliedern der Genossenschaft besteht.

Die **Haftung** der Genossen erstreckt sich nur auf ihre Einlage. Die Vereinbarung einer **Nachschusspflicht** ist möglich, aber nicht zwingend.

Als **Kapitalkosten** [⇨ 123] können Notariatsgebühren, Kosten des Registergerichts bzw. der Generalversammlungen, Gewinnausschüttungen, Körperschaft-, Einkommen-, Kapitalertrag-, Gewerbesteuer und Kosten der Prüfung des Jahresabschlusses anfallen.

Gesellschaft des bürgerlichen Rechts	Langenfeld (2003); Olfert/Reichel (2008); Steckler (2003); Ulmer (2004b); Wöhe u. a. (2005)	078

Die Gesellschaft des bürgerlichen Rechts ist eine vertragliche Vereinigung von Personen zur Erreichung eines gemeinsamen Zieles. Sie wird auch als **GdbR** oder **BGB-Gesellschaft** bezeichnet und ist eine Personengesellschaft [⇨ 161]. Rechtsgrundlage sind die §§ 705 - 740 BGB. Bei der **typischen GdbR** werden die Gesellschafter als Mitunternehmer angesehen, bei der **atypischen GdbR** steht – wie bei der stillen Gesellschaft – die kapitalmäßige Beteiligung im Vordergrund.

Vielfach schließen sich Minderkaufleute, Handwerker oder Angehörige freier Berufe, aber auch Arbeitsgemeinschaften (z. B. im Baugewerbe), Bankenkonsortien, Kartelle und Interessengemeinschaften zu einer GdbR zusammen.

Die **Gründung** der GdbR hat durch mindestens zwei Personen zu erfolgen. Ein Mindestkapital ist nicht vorgeschrieben. Die Gesellschaft hat keine Firma [⇨ 066], und sie wird nicht in das Handelsregister [⇨ 088] eingetragen. Das Vermögen ist gemeinschaftliches Vermögen. Die Gesellschafter haben:

- **Rechte**, die sich auf die Geschäftsführung und Vertretung beziehen, die ihnen gemeinschaftlich zustehen, sowie auf den Gewinnanteil.

- **Pflichten**, die vor allem in der Beitragsleistung und der Haftung, die i.d.R. unbeschränkt und gesamtschuldnerisch mit dem Geschäfts- und Privatvermögen ist, bestehen.

Die **Auflösung** der GdbR kann durch Auflösungsbeschluss oder Kündigung der Gesellschafter, Zielerreichung, Tod eines Gesellschafters oder Insolvenzeröffnung über das Vermögen eines Gesellschafters erfolgen.

Als **Kapitalkosten** [⇨ 123] können Gewinnausschüttungen, Einkommensteuer und Gewerbesteuer anfallen.

Gesellschaft mit beschränkter Haftung	*Olfert/Reichel (2008); Rocco (2003);* *Stehle/Leuz (2007); Waldner/Wölfel (2005)*	**079**

Die Gesellschaft mit beschränkter Haftung (GmbH) ist eine Handelsgesellschaft mit eigener Rechtspersönlichkeit, deren Gesellschafter mit Einlagen auf das in Geschäftsanteile zerlegte gezeichnete Kapital (Stammkapital) von derzeit mindestens 25.000 € beteiligt sind. Jede Stammeinlage muss mindestens 100 € betragen und einen Wert aufweisen, der durch 50 teilbar ist. Es gilt das GmbH-Gesetz.

Die **Firma** [⇨ 066] der GmbH kann eine Sachfirma, eine Personenfirma, Fantasie- oder gemischte Firma sein. Bei einer Sachfirma ist der Firmenname vom Geschäftszweck abzuleiten, bei einer Personenfirma muss der Name mindestens eines Gesellschafters enthalten sein. In jedem Falle ist der Zusatz »mit beschränkter Haftung« bzw. »mbH« im Firmennamen aufzunehmen. Die Gesellschafter haben ihre Stammeinlagen fristgerecht einzuzahlen, mindestens in Höhe von 25 %, je nach Satzung. Ihre Haftung beschränkt sich auf ihre Stammeinlage.

Die **Auflösung** der GmbH kann mit einer Dreiviertel-Mehrheit der Gesellschafterversammlung, durch Zeitablauf oder aufgrund der Eröffnung des Insolvenzverfahrens erfolgen. **Organe** [⇨ 080] einer GmbH sind der bzw. die Geschäftsführer, bei mehr als 500 Arbeitnehmern der Aufsichtsrat und die Gesellschafterversammlung.

Als **Kapitalkosten** [⇨ 123] können Notariatsgebühren, Kosten des Registergerichts, Kosten der Gesellschafterversammlung, Gewinnausschüttungen, Körperschaftsteuer, Einkommensteuer, Kapitalertragsteuer und Gewerbesteuer anfallen.

*Voraussichtlich gegen Ende 2008 soll durch das **Gesetz zur Modernisierung des GmbH-Rechts und zur Bekämpfung von Missbräuchen (MoMiG)** die Gründung von GmbHs erheblich einfacher, schneller und billiger werden, z. B. mithilfe von Mustergesellschaftsverträgen für Standardgründungen und von Mustern für die Anmeldung ins Handelsregister [⇨ 088]. Das Mindeststammkapital soll auf 10.000 € herabgesetzt werden und die Stammeinlage muss einen Euro betragen.*

Gesellschaft mit beschränkter Haftung, Organe	*Eckardt/von Zwoll (2004); Jung (2006); Olfert/* *Reichel (2005 + 2008); Waldner/Wölfel (2005)*	**080**

Die Gesellschaft mit beschränkter Haftung (GmbH) kann als juristische Person nicht selbst handeln. Das geschieht durch ihre Organe:

- Den oder die **Geschäftsführer**, denen die Leitung der GmbH obliegt. Sie müssen nicht Gesellschafter sein. Die Dauer ihrer Bestellung ist gesetzlich nicht geregelt. Ein **Arbeitsdirektor** ist notwendig, wenn die GmbH mehr als 2.000 Arbeitnehmer beschäftigt.

- Den **Aufsichtsrat**, der nach dem GmbHG und BetrVG 1952 aber erst bei mehr als 500 Arbeitnehmern, nach dem MitbestG bei mehr als 2.000 Arbeitnehmern einzurichten ist. Er hat die Aufgabe, die Tätigkeit der Geschäftsführer zu überwachen.

- Die **Gesellschafterversammlung**, die das beschließende Organ der GmbH ist. Nach § 46 GmbHG hat sie u. a. folgende Aufgaben:

  ▸ Die Feststellung der Jahresbilanz
  ▸ Die Verteilung des sich ergebenden Reingewinns
  ▸ Die Einforderung von Einzahlungen auf die Stammeinlagen
  ▸ Die Teilung sowie die Einziehung von Geschäftsanteilen
  ▸ Die Bestellung und die Abberufung von Geschäftsführern
  ▸ Die Entlastung der Geschäftsführer
  ▸ Die Maßregeln zur Prüfung und Überwachung der Geschäftsführung
  ▸ Die Bestellung von Prokuristen und Handlungsbevollmächtigten zum gesamten Geschäftsbetrieb
  ▸ Die Geltendmachung von Ersatzansprüchen, die der Gesellschaft gegen Geschäftsführer oder Gesellschafter zustehen, sowie die Vertretung der Gesellschaft in Prozessen gegen die Geschäftsführer
  ▸ Erteilung von Weisungen an die Geschäftsführer.

Bei mittelständischen Unternehmen erfreut sich der **Firmenbeirat** steigender Beliebtheit, z. B. zur besseren Zusammenarbeit zwischen Kapitalgebern und Managern.

Gewinnschuldverschreibung	Däumler (2002); Olfert/Reichel (2005 + 2008); Perridon/Steiner (2006); Wöhe/Bildstein (2002)	081

Die Gewinnschuldverschreibung stellt eine besondere Art der Industrieobligation [⇨ 089] dar. Sie wird auch **Gewinnobligation** genannt. Ihr Sonderrecht besteht darin, dass der Kapitalgeber am Gewinn des Unternehmens beteiligt wird. Die **Gewinnbeteiligung** kann grundsätzlich in folgender Weise geregelt sein:

- Wie bei einer Teilschuldverschreibung erfolgt zunächst eine **Festverzinsung**, die als Mindestverzinsung zu verstehen ist. Daneben ist eine **Zusatzverzinsung** vereinbart, bei der es z. B. für jedes Prozent der Aktiendividende ein halbes Prozent Zusatzzins gibt.

- Der Kapitalgeber erhält eine **gewinnabhängige Verzinsung**, die üblicherweise nach oben begrenzt ist, also keine Festverzinsung darstellt.

Damit ist die Gewinnschuldverschreibung risikobehaftet. In verlustreichen Jahren erhalten die Kapitalgeber nur die Mindestverzinsung oder überhaupt keine Verzinsung.

Aktienrechtlich ist für die **Ausgabe** von Gewinnschuldverschreibungen eine Drei-Viertel-Mehrheit der Hauptversammlung erforderlich. Den Aktionären steht nach § 221 AktG ein **Bezugsrecht** [⇨ 021] zu. Der Grund für diese Regelung ist darin zu sehen, dass die Gewinnansprüche der Aktionäre durch die Gewinnbeteiligung der Inhaber von Schuldverschreibungen beeinflusst werden. Im Gegensatz zur Wandelschuldverschreibung [⇨ 191] gewährt die Gewinnschuldverschreibung **kein Umtausch- oder Bezugsrecht** auf Aktien [⇨ 001].

Die Gewinnschuldverschreibung kann ausgegeben werden, wenn die Unterbringungsmöglichkeiten gewöhnlicher Schuldverschreibungen schwierig sind, und deshalb ein besonderer Anreiz für die Kapitalbereitstellung erfolgen soll. In Deutschland ist die Gewinnschuldverschreibung eine Finanzierungsalternative, die nur in Einzelfällen genutzt wird.

Gewinnvergleichsrechnung	Blohm/Lüder (2005); Grob (2006); Kruschwitz (2005); Olfert/Reichel (2006a+b)	082

Die Gewinnvergleichsrechnung ist eine **statische Investitionsrechnung** [⇨ 112], die eine Erweiterung der Kostenvergleichsrechnung [⇨ 132] darstellt, indem sie die Erträge einbezieht. Diese können in der Praxis unterschiedlich hoch sein. Dafür gibt es sowohl qualitative als auch quantitative Gründe.

Durch ihre Einbeziehung lässt sich die Vorteilhaftigkeit der **Investitionen** [⇨ 094] besser beurteilen als bei der Kostenvergleichsrechnung. Schließlich muss ein noch so kostengünstiges Investitionsobjekt nicht notwendigerweise auch einen Gewinn erwirtschaftet haben.

Als **Gewinn** wird bei der Gewinnvergleichsrechnung die Differenz aus Kosten und Erträgen verstanden:

$$G = E - K$$

$$
\begin{aligned}
G &= \text{Gewinn/€/Periode)} \\
E &= \text{Erträge (€/Periode)} \\
K &= \text{Kosten (€/Periode)}
\end{aligned}
$$

Mithilfe der Gewinnvergleichsrechnung kann die Vorteilhaftigkeit eines **einzelnen Investitionsobjektes** beurteilt werden die gegeben ist, wenn der Gewinn größer oder gleich Null ist:

$$G \geq 0$$

Außerdem ist es mithilfe der Gewinnvergleichsrechnung möglich, das **Auswahlproblem** [⇨ 083] und das **Ersatzproblem** [⇨ 084] zu beurteilen.

	€
Erträge	......
Fixe Kosten	......
Variable Kosten	......
Gesamte Kosten	......
Gewinn	......

Gewinnvergleichsrechnung, *Auswahlproblem*	*Blohm/Lüder (2005); Kruschwitz (2005); Olfert/Reichel (2006a+b); Schulte (2007)*	083

Das Auswahlproblem stellt sich, wenn mehrere alternative Investitionsobjekte vorhanden sind, von denen das gewinnträchtigere bzw. gewinnträchtigste zu bestimmen ist. Zu seiner Lösung mithilfe der Gewinnvergleichsrechnung gibt es zwei **Ansätze**:

- Bei voraussichtlich **mengenmäßig gleich hoher Nutzung** der alternativen Investitionsobjekte ist ein Vergleich pro Periode oder pro Leistungseinheit möglich. Beide Rechnungen führen zum gleichen Erfolg.

Die **Grundstruktur** für die Ermittlung des Gewinnes *pro Periode* sieht wie folgt aus:

	Investitions-objekt I	Investitions-objekt II
Leistung Stück/Jahr	...	...
Erträge	...	...
Fixe Kosten	...	...
Variable Kosten	...	...
Gesamte Kosten	...	...
Gewinn	...	...
Gewinndifferenz I - II	...	

Beim Vergleich *pro Leistungseinheit* ist es erforderlich, die Erlöse, fixen und variablen Kosten sowie den Gewinn in €/Stück auszuweisen.

- Bei einer **unterschiedlich hohen Leistungsmenge** der alternativen Investitionsobjekte ist nur ein Vergleich *pro Periode* aussagefähig. Ein Gewinnvergleich pro Leistungseinheit würde zu falschen Ergebnissen führen.

Gewinnvergleichsrechnung, *Ersatzproblem*	*Blohm/Lüder (2005); Kruschwitz (2005); Olfert/Reichel (2006a+b); Schulte (2007)*	084

Beim Ersatzproblem geht es um die Frage, ob und wann es vorteilhaft ist, ein in Nutzung befindliches, technisch weiter verwendbares Investitionsobjekt durch ein neues Investitionsobjekt zu ersetzen.

Da der Gewinn sich aus Erlösen abzüglich der entstandenen Kosten ergibt, gelten zunächst die Überlegungen, wie sie im Rahmen der Kostenvergleichsrechnung anzustellen sind:

- Ist beim **alten Investitionsobjekt** jedoch ein **Restwert** zu berücksichtigen, muss eine Grenzkostenbetrachtung angestellt werden, welche die Kosten der Inbetriebhaltung des Altobjekts für ein weiteres Jahr ermittelt. Die Grenzkosten werden den periodischen Durchschnittskosten des neuen Investitionsobjekts gegenübergestellt.

- Bei der Berechnung sind die durchschnittliche **Verringerung des Resterlöswertes** beim Altobjekt zu berücksichtigen sowie die Veränderung der **kalkulatorischen Zinsen** aufgrund des verringerten Resterlöswertes zu berechnen.

Unter Einbeziehung der Erlöse ergibt sich als **Bedingung** für den Ersatz des alten Investitionsobjektes, dass der durch das neue Investitionsobjekt bewirkte Gewinn gleich oder größer ist:

$$G_{neu} \geq G_{alt}$$

Der Gewinnvergleich zur Lösung des Ersatzproblems kann bei voraussichtlich gleicher mengenmäßig genutzter Leistung des alten und des neuen Investitionsobjektes als Gewinnvergleich *pro Periode* oder *pro Leistungseinheit* durchgeführt werden. Bei unterschiedlich hoher Leistung von alten und neuen Investitionsobjekten ist ausschließlich ein Gewinnvergleich *pro Periode* geeignet.

Gewinnvergleichsrechnung, kritische Auslastung	Blohm/Lüder (2005); Kruschwitz (2005); Olfert/Reichel (2006a+b); Schulte (2007)	085

Die kritische Auslastung ist zur Entscheidungsfindung darüber, welches Investitionsobjekt einzusetzen ist, vor allem dann zu ermitteln, wenn es:

- Für die **Auslastung der Investitionsalternativen** keine gesicherten Daten gibt, also Unsicherheit über die am Markt unterzubringenden Kapazitäten herrscht.

- Für die Investitionsalternativen **unterschiedliche Kostensituationen** im Hinblick auf die Entwicklung von fixen und variablen Kosten gibt.

Die kritische Auslastung liegt bei jeder Ausbringungsmenge, bei der die Gewinne der alternativen Investitionsobjekte gleich hoch sind. Hierzu sind die **Gewinnfunktionen** der alternativen Investitionsobjekte zu erstellen und gleichzusetzen:

- Als **Gleichungen** für die Gewinnfunktionen zweier Investitionsobjekte ergeben sich nach der Einbeziehung der Preise:

$$G_I = p_I \cdot x_{krit} - k_{varI} \cdot x_{krit} - K_{fixI}$$
$$G_{II} = p_{II} \cdot x_{krit} - k_{varII} \cdot x_{krit} - K_{fixII}$$

- Aus der **Gleichsetzung** der Gewinnfunktionen folgt:

$$p_I \cdot x_{krit} - k_{varI} \cdot x_{krit} - K_{fixI} = p_{II} \cdot x_{krit} - k_{varII} \cdot x_{krit} - K_{fixII}$$

x	= Produzierte Steück	k_{var}	= Variable Kosten (€/Stück)
K_{fix}	= Fixe Kosten (€/Periode)	p	= Preis (€/Stück)
I, II	= Investitionsobjekt I oder II	x_{krit}	= Kritische Auslastung (Stück/Periode)

Auf diese Weise lässt sich feststellen, welche Investitionsalternative bei welcher Auslastung vorzuziehen ist.

Gründung	Dowling/Drumm (2003); Olfert/Rahn (2008); Olfert/Reichel (2008); Wessel u. a. (2001)	086

Die Gründung ist die Errichtung eines funktionsfähigen Unternehmens in einer marktwirtschaftlichen Ordnung. Ihr liegen je nach Rechtsform [⇨ 169] unterschiedliche **Regelungen** zu Grunde:

Einzelunternehmen	Es ist kein Gesellschaftsvertrag erforderlich. Der Gründer errichtet das Unternehmen allein.
OHG	Mindestens zwei Gesellschafter schließen als Gründer einen Gesellschaftsvertrag ab.
KG	Es bedarf als Gründer mindestens eines Komplementärs (Vollhafters) und mindestens eines Kommanditisten (Teilhafters), die einen Gesellschaftsvertrag schließen.
GmbH	Ein *oder* mehrere Gründer schließen einen Gesellschaftsvertrag (Satzung) ab.
AG	Es ist mindestens ein Gründer erforderlich.
Genossenschaft	Sie erfordert mindestens drei Gründer, die einen Gesellschaftsvertrag (Statut) abschließen.
Stille Gesellschaft	Sie ist eine reine Innengesellschaft, weshalb ihre Gründung durch einen Vertrag zwischen dem Kaufmann und dem stillen Gesellschafter erfolgt.
GdbR	Mindestens zwei Gesellschafter sind erforderlich, die einen Gesellschaftsvertrag abschließen.

Voraussetzungen für die Gründung können unterschiedlicher Art sein, z. B.:

Persönlich	Kenntnisse, Erfahrungen, Entschlusskraft, Urteilsfähigkeit, Wagemut.
Örtlich	Material-, Arbeits-, Abgaben-, Verkehrs-, Energie-, Landwirtschafts-, Umwelt-, Absatzorientierung.
Sachlich	Bestimmung des Geschäftszweigs, Klärung der Investitionsmöglichkeiten, Beschaffung von Informationen.
Rechtlich	Wahl der Rechtsform, Anmeldung des Gewerbes, Anmeldung zur Handelsregistereintragung.
Betriebswirtschaftlich	Steuerliche, technische, absatzpolitische, organisatorische Überlegungen. Von betriebswirtschaftlicher Bedeutung sind auch die Gründungskosten.

Die Gründung kann eine **Neugründung** sein, bei der ein völlig neues Unternehmen errichtet wird, oder eine **Umgründung**, bei der ein bereits existierendes Unternehmen seine Rechtsform [⇨ 169] ändert. Nach den eingebrachten Vermögensgegenständen sind zu unterscheiden:

- Die **Bargründung**, bei der das Eigenkapital [⇨ 039] in Form von Geld aufgebracht wird. Da sein nomineller Wert feststeht, bedarf es keiner Bewertung der eingebrachten Mittel. Die Bargründung ist die am häufigsten vorkommende Art der Gründung. Eine **Schein-Bargründung** liegt vor, wenn den Gründern für das von ihnen eingezahlte Geld von der Gesellschaft Sachgüter abgekauft werden. Rechtlich werden solche Vorgänge wie Sachgründungen behandelt.

- Die **Sachgründung**, bei der die Aufbringung des Eigenkapitals in Form von Vermögenswerten erfolgt, z. B. Grundstücken, Maschinen, Wertpapieren. Der Wert dieser Vermögensgegenstände liegt als solcher vielfach nicht eindeutig fest, z. B. der Wert eines eingebrachten Lastwagens. Er ist durch Bewertung festzulegen. Um Überbewertungen von Vermögensgegenständen zu vermeiden, ist z. B. bei der AG [⇨ 004] eine Gründungsprüfung durch unabhängige Wirtschaftsprüfer erforderlich.

- Die **Mischgründung**, bei der sowohl Geld als auch Vermögenswerte als Eigenkapital aufgebracht werden, z. B. Barmittel und Patente und Vermögensgegenstände.

Bei einer **Nachgründung** werden innerhalb der ersten zwei Jahre nach der Eintragung einer AG in das Handelsregister [⇨ 088] vertragliche Vereinbarungen geschlossen, wonach sie Anlagegüter für eine ein Zehntel des Grundkapitals übersteigende Vergütung erwerben soll. Für die Wirksamkeit solcher Verträge ist es erforderlich, dass die Hauptversammlung mit einer Dreiviertel-Mehrheit – nach einer Prüfung durch den Aufsichtsrat und die Gründungsprüfer – zugestimmt hat und sie in das Handelsregister eingetragen worden sind (§ 52 AktG).

Das Handelsregister ist ein amtliches **Verzeichnis der Kaufleute** eines oder mehrerer Amtsgerichtsbezirke, das vom zuständigen Amtsgericht als Registergericht geführt wird. Es besteht aus **Abteilung A** (Einzelunternehmen [⇨ 041] und Personengesellschaften [⇨ 161]) bzw. **Abteilung B** (Kapitalgesellschaften [⇨ 120]). Sie werden üblicherweise mit **HRA** und **HRB** abgekürzt.

Mit dem Gesetz über das **elektronische Handelsregister** und Genossenschaftsregister sowie das Unternehmensregister müssen Anmeldungen zum Register (Neueintragung, Veränderung, Löschung) seit 2007 elektronisch in beglaubigter Form erfolgen (§ 12 Abs. 1 HGB). Die Eintragungen geschehen grundsätzlich nur auf Antrag.

Einzutragen sind Firma [⇨ 066], Sitz der Gesellschaft, Gegenstand des Unternehmens, Rechtsform, Namen der vertretungsberechtigten Personen (z. B. Geschäftsinhaber bzw. persönlich haftende Gesellschafter, Prokuristen), bei Kapitalgesellschaften zusätzlich die Höhe des gezeichneten Kapitals [⇨ 114]. Mit der Eintragung sind nach dem HGB als **Wirkungen** verbunden:

- **Konstitutive** (rechts-*erzeugende*) Wirkungen, wenn die Rechtswirkung *erst durch* die Eintragung eintritt, z. B. bei der Kaufmannseigenschaft der Kannkaufleute bzw. der Entstehung von Kapitalgesellschaften.

- **Deklaratorische** (rechts-*bezeugende*) Wirkungen, wenn die Rechtswirkung *bereits vor* der Eintragung eintritt, z. B. bei der Kaufmannseigenschaft der Istkaufleute und der Vertretungsmacht der Prokuristen.

Die **Einsicht** in das Handelsregister ist nach § 9 Abs. 1 HGB jedem gestattet. Über das **bundesweite Registerportal** kann nach vorheriger Registrierung in den Handelsregistern aller Bundesländer recherchiert werden. Das Zentralhandelsregister ist seit 2007 nicht mehr Bestandteil des Bundesanzeigers.

Industrieobligation	*Jahrmann (2003); Jung (2006a); Olfert/ Reichel (2008); Wöhe/Bilstein (2002)*	**089**

Die Industrieobligation ist eine **Anleihe** [⇨ 011], die von börsenfähigen Unternehmen ausgegeben werden kann. Mit ihr ist es möglich, einen hohen Kapitalbedarf [⇨ 115] bei Unternehmen langfristig zu decken, meist über 10 bis 25 Jahre hinweg, weil eine Vielzahl von Kapitalgebern Geldmittel in kleinen Beträgen zur Verfügung stellt.

Die gesamte Anleihesumme wird dabei in kleine Teile zerlegt, die z. B. auf 100 €, 500 €, 1.000 €, 5.000 € bzw. 10.000 € lauten. Sie werden **Teilschuldverschreibungen** genannt und verbriefen Forderungsrechte, d. h. die Forderung ist an das Papier gebunden. Mit ihnen verpflichtet sich der Kapitalnehmer insbesondere zur Zahlung der – meist halbjährlich nachschüssig fälligen – Zinsen [⇨ 200] und zur Rückzahlung des gewährten Kapitals [⇨ 114].

Die **Emission** der Industrieobligation kann vom Unternehmen selbst vorgenommen werden. Üblicherweise erfolgt sie aber durch ein Bankenkonsortium als Fremdemission. Der Ausgabebetrag der Teilschuldverschreibung muss, ebenso wie der Rückzahlungsbetrag, nicht mit ihrem Nennwert übereinstimmen. Die **Tilgung** der Industrieobligation kann zu einem einheitlichen Termin erfolgen, geschieht jedoch meist nach einer tilgungsfreien Zeit (z. B. 5 Jahren) in Raten, die im Zeitablauf gleich bleiben oder ansteigen können.

Wegen der langen Laufzeit kann es erforderlich werden, dass das Unternehmen den auf dem Mantel jeder Teilschuldverschreibung aufgedruckten Zinssatz im Zeitablauf anpassen muss. Diese Anpassung wird **Konversion** genannt und kann nach oben oder unten erfolgen.

Kapitalkosten [⇨ 123] fallen für die Vorbereitung und Auflegung, Stellung der Sicherheiten [⇨ 183], Börseneinführung und als Zinsen [⇨ 200] an.

Innenfinanzierung	*Olfert/Reichel (2005 + 2008); Perridon/ Steiner (2006); Wöhe/Bilstein (2002)*	**090**

Die Innenfinanzierung wird vom Unternehmen aus eigener Kraft vorgenommen. Sie erfolgt durch **Desinvestition**. Im Gegensatz zur Außenfinanzierung, bei der das Unternehmen sich ausschließlich Kapital [⇨ 114] von außen verschafft, verwendet das Unternehmen bei der Innenfinanzierung die ihm zufließenden Umsatzerlöse oder sonstige Erlöse für Finanzierungszwecke, soweit den Erlösen kein auszahlungswirksamer Aufwand gegenübersteht.

Formen der Innenfinanzierung sind:

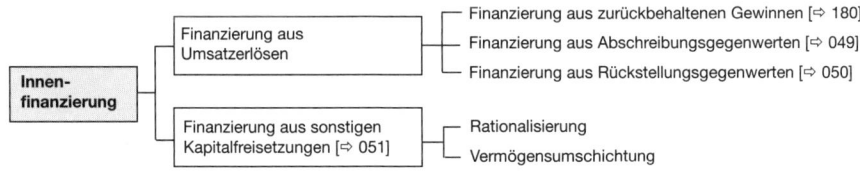

Die Finanzierung aus Umsatzerlösen wird auch als **Überschussfinanzierung** bzw. **Cashflow-Finanzierung** bezeichnet.

Vielfach werden die Formen der Innenfinanzierung mit Ausnahme der Finanzierung aus Rückstellungsgegenwerten als **Eigenfinanzierung** zusammengefasst. Das ist für die Finanzierung aus Abschreibungsgegenwerten und die Finanzierung aus Vermögensumschichtungen jedoch nicht immer zutreffend. Sie können auch aus Maßnahmen der **Fremdfinanzierung** [⇨ 070] resultieren, sodass sie letztlich eindeutig weder der Eigenfinanzierung noch der Fremdfinanzierung zugerechnet werden können.

Für derivative Instrumente bestehen unterschiedliche **Marktformen**, die einer Risikobegrenzung dienen sollen:

- Der **Kassamarkt**, bei dem der Geschäftsabschluss und die Geschäftserfüllung in einer Transaktion zusammenfallen. Dementsprechend besteht eine sofortige Erfüllungspflicht der Transaktion, die per Kasse geführt wird. Es gibt:

Zinsswaps	Bei ihnen vereinbaren zwei Partner einen Austausch unterschiedlich gestalteter Zinszahlungen. Es werden feste gegen variable oder variable gegen feste Zinssätze sowie variable Zinssätze mit unterschiedlichen Laufzeiten getauscht.
Zins-/Währungsswaps	Sie sind eine Kombination aus einem Zinsswap und einem Währungsswap dar und dienen dazu, gleichzeitig Zins- und Währungsrisiken zu sichern.

- Der **Terminmarkt**, bei dem der Geschäftsabschluss und die Geschäftserfüllung einer Transaktion zeitlich auseinanderfallen. Zu unterscheiden sind:

Börsengehandelte Instrumente	Dabei handelt es sich um standardisierte Instrumente, für die in einem täglichen Fixing der jeweilige Abrechnungspreis festgestellt wird, z. B. für Futures auf Bundesanleihen oder auf Bundesobligationen.
Maßgeschneiderte Instrumente	Sie werden nicht an der Börse gehandelt, sondern die Partner schließen unmittelbar miteinander Verträge ab, wobei meist Kreditinstitute als Mittler auftreten, z. B. für Forward Swaps.

- Der **Optionsmarkt**, bei dem Geschäftsabschluss und Geschäftserfüllung einer Transaktion zeitlich auseinanderfallen. Der Käufer verfügt über ein Wahlrecht der Ausübung, wofür er eine Optionsprämie zahlt. Es gibt:

Börsengehandelte Instrumente	Sie sind standardisierte Instrumente, z. B. Futures auf Bundesobligationen als Optionsgeschäft.
Maßgeschneiderte Instrumente	Sie werden nicht an der Börse gehandelt, sind aber häufiger vertreten, z. B. als Caps, Floors, Collars, Swaptionen.

Interne Zinsfuß-Methode	Däumler (2003); Kruschwitz (2005); Olfert/Reichel (2006a+b); Perridon/Steiner (2006)	092

Die interne Zinsfuß-Methode ist eine **dynamische Investitionsrechnung** [⇨ 111], bei welcher der interne Zinsfuß als Maßstab der Vorteilhaftigkeit von Investitionen [⇨ 094] dient. Das ist der Zinssatz, der beim Diskontieren der Einzahlungsreihe und Auszahlungsreihe zu einem Kapitalwert von Null führt.

Der interne Zinsfuß kann grafisch und rechnerisch ermittelt werden. In beiden Fällen werden zunächst zwei unterschiedliche Zinssätze als **Versuchszinssätze** gewählt, worauf der interne Zinssatz ermittelt wird, z. B. rechnerisch:

$$r = i_1 - C_{01} \cdot \frac{i_2 - i_1}{C_{02} - C_{01}}$$

r = Interner Zinsfuß (%)
i = (Versuchs-)Zinssatz 1 bzw. 2 (%)
C_0 = Kapitalwert bei i_1 bzw. i_2 (€)

Ein **Liquidationserlös** des Investitionsobjektes wird abgezinst und den Überschüssen aus dem Investitionsobjekt zugerechnet.

Mithilfe der internen Zinsfuß-Methode kann die Vorteilhaftigkeit eines **einzelnen Investitionsobjektes** beurteilt werden, die gegeben ist, wenn der interne Zinsfuß der vom Unternehmen festgelegten Mindestverzinsung mindestens entspricht.

Außerdem ist es möglich, mithilfe der Internen Zinsfuß-Methode die Vorteilhaftigkeit **alternativer Investitionsobjekte** [⇨ 093] zu ermitteln sowie den **optimalen Ersatzzeitpunkt** eines alten Investitionsobjektes durch ein neues Investitionsobjekt, was allerdings sehr schwierig ist, weil das Auseinanderfallen der Restnutzungsdauer von altem und neuem Investitionsobjekt durch Differenzinvestitionen nicht zu überbrücken und der Rechenaufwand sehr groß ist.

Interne Zinsfuß-Methode *Auswahlproblem*	*Blohm/Lüder (2005); Kruschwitz (2005); Olfert/Reichel (2003c)*	**093**

Das Auswahlproblem stellt sich, wenn mehrere alternative Investitionsobjekte vorhanden sind, von denen die vorteilhaftere bzw. vorteilhafteste zu bestimmen ist, als dasjenige mit dem höheren bzw. höchsten Internen Zinsfuß.

Der Vergleich alternativer Investitionsobjekte ist, sofern jährliche Überschüsse bekannt sind, problemlos möglich, wenn die **Anschaffungswerte** und **Nutzungsdauern** der alternativen Investitionsobjekte gleich sind.

Das Auswahlproblem lässt sich dann z. B. lösen, wenn die Anschaffungswerte zweier Investitionsobjekte 95.000 € betragen und sie 5 Jahre nutzbar sind. Bei einer geforderten Mindestverzinsung von 10 % und jährlichen Überschüssen (siehe Tabelle) ergibt sich:

	Investitionsobjekt I					Investitionsobjekt II				
Jahr	Über-schuss	i = 0,06		i = 0,14		Über-schuss	i = 0,06		i = 0,14	
		Abzinsungs-faktor	Barwert	Abzinsungs-faktor	Barwert		Abzinsungs-faktor	Barwert	Abzinsungs-faktor	Barwert
1	15.000	0,943396	14.151	0,877193	13.158	20.000	0,943396	18.868	0,877193	17.544
2	30.000	0,889996	26.700	0,769468	23.084	35.000	0,889996	31.150	0,769468	26.931
3	20.000	0,839619	16.792	0,674972	13.499	25.000	0,839619	20.990	0,674972	16.874
4	40.000	0,792094	31.684	0,592080	23.683	20.000	0,792094	15.842	0,592080	11.842
5	30.000	0,747258	22.418	0,519369	15.581	25.000	0,747258	18.681	0,519369	12.984
			117.745		89.005			105.531		86.175
− Anschaffungswert			95.00		95.000			95.000		95.000
= Kapitalwert			16.745		− 5.995			10.531		− 8.825

$$r = i_1 - C_{o1} \cdot \frac{i_2 - i_1}{C_{o2} - C_{o1}} \qquad r_I = 0,06 - 16.745 \cdot \frac{0,14 - 0,06}{-5.995 - 16.745} = \mathbf{0,119} \qquad r_{II} = 0,06 - 10.531 \cdot \frac{0,14 - 0,06}{-8.825 - 10.531} = \mathbf{0,104}$$

Stimmen die Anschaffungswerte und/oder Nutzungsdauern der Investitionsobjekte nicht überein, müssen **Differenzinvestitionen** gebildet werden.

Investition	*Blohm/Lüder (2005); Däumler (2003); Kruschwitz (2005); Olfert/Reichel (2006a+b);*	**094**

Als Investition sollen die Auszahlungen verstanden werden, die ein Unternehmen für Vermögensteile bewirkt. Sie beziehen sich auf das Sach-Anlagevermögen und Sach-Umlaufvermögen, mitunter werden auch Auszahlungen für Finanz-Anlagevermögen und Finanz-Umlaufvermögen bzw. Dienstleistungen hinzugerechnet.

Als **Merkmale** von Investitionen lassen sich nennen:

• Die **Erfolgskomponente** (Erwartung eines Investitionserfolges)
• Die **Liquiditätskomponente** (Erwartung eine Liquiditätsbeitrages)
• Die **Risikokomponente** (Gefahr abweichender Zahlungsströme)

Zu unterscheiden sind:

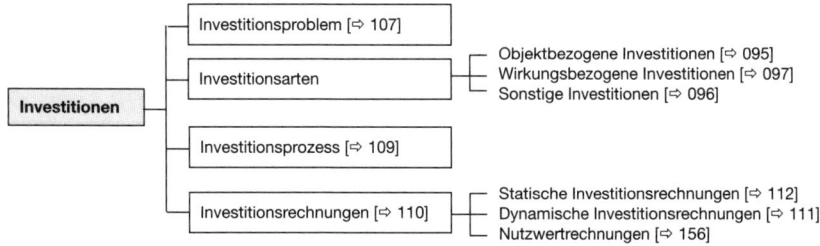

Um möglichst vorteilhafte Investitionen zu bewirken, setzen die Unternehmen im Rahmen der Investitionsplanung verschiedene **Investitionsrechnungen** ein.

Investition, *objektbezogene*	Blohm/Lüder (2005); Kruschwitz (2005); Olfert/Reichel (2006a+b); Trautmann (2007)	095

Objektbezogene Investitionen [⇨ 094] sind:

- **Sachinvestitionen**, die am betrieblichen Leistungsprozess direkt beteiligt sind oder den Leistungsprozess erst ermöglichen, z. B.:

  ▶ **Maschinen**, die Roh- und Hilfsstoffe verarbeiten
  ▶ **Gebäude**, die den Rahmen für den Leistungsprozess bilden.

  Die sachbezogenen Investitionen werden auch als **leistungswirtschaftliche, produktionswirtschaftliche** oder **Realinvestitionen** bezeichnet.

- **Finanzinvestitionen**, die sich auf das Finanz-Anlagevermögen des Unternehmens beziehen. Dazu zählen z. B.:

  ▶ **Forderungsrechte**, z. B. Bankguthaben, festverzinsliche Wertpapiere, gewährte Darlehen [⇨ 033].
  ▶ **Beteiligungsrechte**, z. B. Aktien [⇨ 001], sonstige Beteiligungen an Unternehmen.

  Sie werden vielfach auch **finanzwirtschaftliche** oder **Nominalinvestitionen** genannt.

- **Immaterielle Investitionen**, die dazu dienen, das Unternehmen wettbewerbsfähig zu halten bzw. seine Wettbewerbsfähigkeit zu stärken. Sie betreffen vor allem drei Bereiche:

  ▶ **Personalbereich**, z. B. Investitionen in geeignete Mitarbeiter, Ausbildung und Fortbildung, Umschulung, Sozialinvestitionen.
  ▶ **Forschungs- und Entwicklungsbereich**, z. B. Schaffung von neuen Produkten, neuen Produktionsverfahren neuen Anwendungsmöglichkeiten.
  ▶ **Marketingbereich**, z. B. werbende und imageverbessernde Investitionen.

Investition, *sonstige*	Grob (2006); Hirth (2005); Kruschwitz (2005); Olfert/Reichel (2006a+b)	096

Zu den »sonstigen« Investitionen [⇨ 094] zählen:

- **Hierarchiebezogene Investitionen**, die auf verschiedenen Ebenen geplant werden:

Strategische Investition	Langfristige auf oberer Unternehmensebene geplante Investition, die auf lange Sicht wirkt.
Taktische Investition	Mittelfristige auf mittlere Hierarchieebene geplante Investition.
Operative Investition	Kurzfristige, meist routinemäßige Investition, welche die untere Ebene betrifft.

- **Umfangbezogenen Investitionen**, die unterschiedlichen Zeitaufwand erfordern:

Routineinvestition	Investition kleineren Umfanges, für deren Entscheidung weniger Zeit benötigt wird, z. B. Investition für Schreibmaterial
Unternehmenspolitische Investition	Investition größeren Umfanges, die einen höheren Zeitaufwand erfordern, z. B. Investition in ein neues Produktionsverfahren.

- **Häufigkeitsbezogene Investitionen**, die einmalig oder mehrfach erfolgen:

Einzelinvestition	Investition, die sich nicht wiederholt.
Investitionsfolge	Wiederholte Investitionen, die häufig anfallen.
Investitionskette	Nacheinander wiederholte Investitionen.

Außerdem lassen sich **umschlagsbezogene Investitionen** als schnell, auf mittlere Sicht langsam umschlagende Investitionen und **abhängigkeitsbezogene Investitionen** unterscheiden, z. B. als isolierte, interdependente Investitionen.

Investition, *wirkungsbezogene*	*Blohm/Lüder (2005); Kruschwitz (2005); Olfert/Reichel (2006a+b)*	**097**

Wirkungsbezogene Investitionen [⇨ 094] können sein:

- **Nettoinvestitionen**, die erstmals im Unternehmen vorgenommen werden, und zwar als:

Gründungsinvestition	Sie fällt bei der Gründung [⇨ 086] oder beim Kauf eines Unternehmens einmalig an.
Erweiterungsinvestition	Sie dient der Schaffung eines neuen Leistungspotenzials oder der Vergrößerung eines vorhandenen Potenzials, um die Kapazität zu erweitern.

- **Reinvestitionen**, die ein Wiederauffüllen des verminderten Bestandes an Produktionsfaktoren darstellen, z. B. als:

Ersatzinvestition	Langfristige auf oberster Unternehmensebene geplante Investition, die auf lange Sicht wirkt und von langfristiger Bedeutung ist.
Rationalisierungsinvestition	Sie dient der Steigerung der Leistungsfähigkeit des Unternehmens, indem nicht mehr genutzte durch neue, technisch verbesserte Investitionsobjekte ersetzt werden.
Umstellungsinvestition	Sie beruht auf mengenmäßigen Verschiebungen im Produktionsprogramm, wobei jedoch keine sachlichen Veränderungen vorgenommen werden.
Diversifikations-investition	Sie bewirkt eine Veränderung des Absatzprogrammes und/oder der Absatzorganisation. Das Unternehmen will sich damit einen neuen Markt erschließen.
Sicherungsinvestition	Sie wird vorgenommen, um die wirtschaftliche Existenz des Unternehmens zu sichern.

Netto- und Reinvestitionen ergeben die **Bruttoinvestitionen** als Gesamtheit der in einer Wirtschaftsperiode erfolgten Investitionen eines Unternehmens.

Investitionsanalyse, *strukturelle*	*Ditges/Arendt (2007a); Olfert/Reichel (2006a+b); Perridon/Steiner (2006)*	**098**

Die Analyse der Investitionsstruktur soll Aufschluss über die Flexibilität und damit die Stabilität eines Unternehmens sowie den Umfang der Kapazitätsnutzung geben. Beide Gesichtspunkte sind grundsätzlich umso positiver zu beurteilen, je geringer der Anteil des Anlagevermögens [⇨ 010] ist. Wichtige **Kennzahlen** [⇨ 127] der Investitionsstruktur sind:

$$\text{Vermögens-konstitution} = \frac{\text{Anlagevermögen}}{\text{Umlaufvermögen}} \cdot 100$$

Die **Vermögenskonstitution** ist beim Vergleich der Entwicklung über mehrere Perioden in einem bestimmten Unternehmen nützlich. Ein zwischenbetrieblicher Vergleich ist hingegen von geringer Aussagekraft.

$$\text{Anlage-intensität} = \frac{\text{Anlagevermögen}}{\text{Gesamtvermögen}} \cdot 100$$

Ein umfangreiches Anlagevermögen birgt eine gewisse Starrheit in sich. Außerdem verursacht es hohe Fixkosten, die bei nicht voll ausgenutzten Kapazitäten zu finanziellen Belastungen führen können.

$$\text{Umlauf-intensität} = \frac{\text{Umlaufvermögen}}{\text{Gesamtvermögen}} \cdot 100$$

Eine hohe **Umlaufintensität** lässt bei materialintensiven Unternehmen auf einen hohen Lagerbestand von Material und Umsatzgütern schließen und damit auf erhebliche Lagerhaltungskosten. Er kann aber auch auf einem hohen Forderungsbestand beruhen.

$$\text{Vorrats-intensität} = \frac{\text{Vorräte}}{\text{Umlaufvermögen}} \cdot 100$$

Eine hohe **Vorratsintensität** kann im Einkauf großer Mengen wegen günstiger Einkaufsbedingungen, in mangelhafte Lagerorganisation und Lagerbuchhaltung sowie in langen Produktionszeiten materialintensiver Erzeugnisse begründet sein.

Die Investitionsanalyse ist eine Untersuchung, die sich auf die Vermögensseite der Bilanz [⇨ 022] bezieht. Bei der umsatzbezogenen Investitionsanalyse wird vor allem festgestellt, welche Beziehung zwischen Vermögensteilen eines Unternehmens und den Umsatzerlösen besteht. Wichtige **Kennzahlen** [⇨ 127] sind:

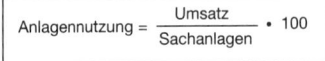

$$\text{Anlagennutzung} = \frac{\text{Umsatz}}{\text{Sachanlagen}} \cdot 100$$

Mit der **Anlagennutzung** soll offengelegt werden, inwieweit eine Ausnutzung der Sachanlagen gegeben ist. Ihr Ansteigen lässt den Schluss zu, dass die Sachanlagen eine verbesserte Ausnutzung erfahren.

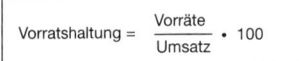

$$\text{Vorratshaltung} = \frac{\text{Vorräte}}{\text{Umsatz}} \cdot 100$$

Eine wirtschaftlich(er)e **Vorratshaltung** wird erreicht, indem die Vorräte bei steigenden Umsätzen nicht (ebenso stark) erhöht werden, bei gleichbleibenden Umsätzen vermindert werden oder bei sinkenden Umsätzen stärker abnehmen als die Umsätze.

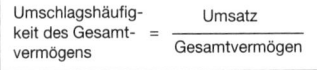

$$\text{Umschlagshäufigkeit des Gesamtvermögens} = \frac{\text{Umsatz}}{\text{Gesamtvermögen}}$$

Die **Umschlagshäufigkeit** zeigt die Bindungsdauer des Vermögens bzw. von Vermögensteilen und gibt Hinweise auf die Höhe des Kapitalbedarfes [⇨ 115]. Sie ist umso positiver zu beurteilen, je höher sie ist.

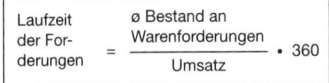

$$\text{Laufzeit der Forderungen} = \frac{\text{ø Bestand an Warenforderungen}}{\text{Umsatz}} \cdot 360$$

Mit der **Laufzeit der Forderungen** lassen sich Rückschlüsse auf das Zahlungsverhalten der Kunden ziehen. Eine lange Laufzeit lässt meist auf schlechte Zahlungsmoral der Kunden schließen. Andererseits bedeutet dies, dass sich ein Unternehmen bei einem Liquiditätsengpass durch entsprechende Gestaltung der Zahlungsbedingungen finanzielle Mittel beschaffen kann.

Der Investitionsbedarf umfasst alle für eine Rechnungsperiode in Ansatz gebrachten Investitionen [⇨ 094]. Da er durch die Finanzierungsmöglichkeiten begrenzt wird, bietet es sich an, den Investitionsbedarf zu unterteilen in:

- **Notwendige Investitionen**, die zu einer wesentlichen Beeinträchtigung der Erreichung betrieblicher Zielsetzungen führen, wenn sie nicht vorgenommen würden, z. B. indem die Leistungsbereitschaft des Unternehmens durch den Ersatz einer nicht mehr nutzbaren, aber unbedingt notwendigen Maschine infrage gestellt wird.

- **Erwünschte Investitionen**, welche nicht zwingend erforderlich sind, um die Leistungsfähigkeit des Unternehmens zu sichern, aber die Erreichung der betrieblichen Ziele ebenfalls fördern.

Den Ablauf vom Investitionsbedarf zum Investitionsprogramm zeigt die Abbildung. Das **Investitionsprogramm** umfasst die Gesamtheit der Investitionen, die ein Unternehmen in einer Rechnungsperiode vornimmt. Es wird im Investitionsplan [⇨ 102] dokumentiert.

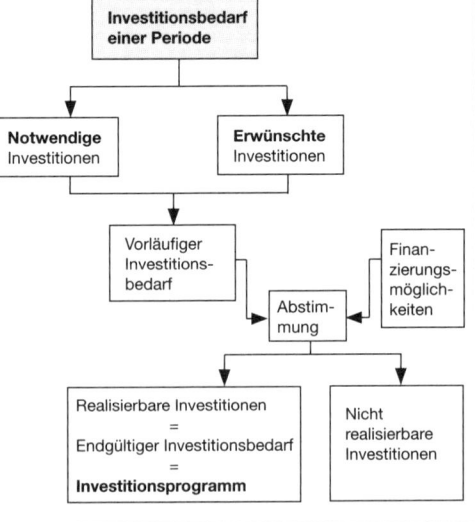

Investitionskontrolle	*Adam (2000); Franke/Hax (2004); Olfert/ Reichel (2006a+b); Schulte (2007)*	**101**

Die Investitionskontrolle umfasst die **Überwachung** und **Untersuchung** der Investitionen [⇨ 094] und ermöglicht Vergleiche mit den Investitionszielen. Sie bildet im Rahmen des Investitionsprozesses [⇨ 109], nach der Investitionsplanung [⇨ 103] und Investitionsdurchführung, die letzte Stufe. Dabei kann sie sich auf eine einzelne Investition beziehen oder auf das gesamte Investitionsprogramm des Unternehmens.

Gründe für die Investitionskontrolle können sein:

* **Abweichungen** zwischen den planerisch erfassten und den sich tatsächlich ergebenden Daten sollen festgestellt werden.

* Festgestellte Abweichungen sollen im Rahmen der **Abweichungsanalyse** einer Untersuchung der Ursachen unterzogen werden.

* **Anpassungsmaßnahmen** der Ist-Werte an die geplanten Soll-Werte sollen ermöglicht werden, sofern sie noch realisierbar sind.

* **Erfahrungswerte** für künftige Planungen sollen gewonnen werden, um realistische Werte ansetzen zu können.

Die Investitionskontrolle ist ein Teil des **Investitionscontrolling**, das außerdem die Zielsetzung, Planung und Steuerung der Investitionen umfasst. Um steuernd eingreifen zu können, bedarf es eines Frühwarnsystems. Als Frühwarngrößen kommen insbesondere Kennzahlen [⇨ 127] in Betracht, die im Rahmen der Investitionsanalyse [⇨ 098, 099] gewonnen werden. Mithilfe dieser Informationen können unplanmäßige Entwicklungen rasch erkannt werden.

Investitionsplan	*Betge (2000); Franke/Hax (2004); Olfert/ Reichel (2006a+b); Walz/Gramlich (2004)*	**102**

Der Investitionsplan ist eine tabellarische Übersicht, der die voraussichtlichen **Auszahlungen** eines Unternehmens für einen bestimmten Zeitraum dokumentiert. Finanzielle Mittel sind nur dann investierbar, wenn entsprechende **Einzahlungen** erfolgen. Der Investitionsplan steht deshalb in enger Beziehung zum Finanzierungsplan bzw. **Finanzplan** [⇨ 061].

Aus der Abbildung ist ersichtlich, dass die bereitzustellenden Finanzmittel zunächst auf der Grundlage der voraussichtlichen Einzahlungen geplant werden.

Den Ausgangspunkt für die Aufstellung eines betrieblichen Investitionsplanes bilden die **Investitionsanträge** der Bereichsleiter. Sind nicht genügend Finanzmittel vorhanden, so muss die Unternehmensleitung darüber entscheiden, auf welche Investitionen [⇨ 094] zunächst oder generell zu verzichten ist. Dabei erweist es sich als Vorteil, wenn die **Dringlichkeit** der einzelnen Investitionen bereits in den Investitionsanträgen dokumentiert wurde, sodass sich neben der Trennung in notwendige und erwünschte Investitionen eine Präferenzordnung aufstellen lässt. Wenn aufgrund des Investitionsbedarfes [⇨ 100] bestimmte Investitionen allerdings nicht auf spätere Termine verlegt werden können, ist zu prüfen, ob zusätzliche Finanzmittel beschaffbar sind.

Planjahr	
Finanzierungsplan	**Tsd.€**
– Einzahlungen –	
Umsätze	1.455
Sachanlagen	15
Immaterielle Anlagen	22
Finanzanlagen	48
Eigenkapital	0
Fremdkapital	410
Zinsen/Provisionen/Gewinne	8
Sonstige	6
	1.964

Investitionsplan	**Tsd.€**
– Auszahlungen –	
Sachanlagen	740
Immaterielle Anlagen	45
Finanzanlagen	85
Material	410
Personal	490
Steuern/Abgaben	58
Eigenkapital	0
Fremdkapital	109
Zinsen/Provisionen/Gewinne	18
Sonstige	9
	1.964

Die Investitionsplanung ist die gedankliche Vorwegnahme im investitionswirtschaftlichen Bereich, die auf zukünftiges Handeln gerichtet ist und sich mit der Beschaffung und Nutzung von Investitionsobjekten befasst. Sie orientiert sich an den Investitionszielen des Unternehmens und ist die erste Stufe des **Investitionsprozesses**, der sich die Investitionsdurchführung und Investitionskontrolle [⇨ 101] anschließen. Die Investitionsplanung kann unter folgenden Aspekten betrachtet werden:

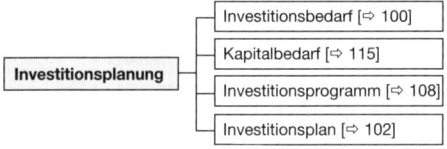

Die Investitionsplanung hat als Teil der Unternehmensplanung eine herausragende **Bedeutung**. Das ist darin begründet, dass Investitionen:

- Vielfach längere **Kapitalbindungen** bewirken
- Häufig die betriebliche **Kostenstruktur** verändern
- An den Möglichkeiten der **Finanzierung** [⇨ 048] auszurichten sind
- In die betrieblichen **Teilplanungen** eingebunden werden müssen
- Häufig Träger des **technischen Fortschrittes** sind.

Als Investitionsplanung wird mitunter nicht nur die planerische Tätigkeit bezeichnet, sondern auch die **Investitionsabteilung**, die es in größeren Unternehmen als Stabstelle geben kann.

Zur Bewältigung der sich vor allem aus unzureichenden Informationen über die in der Zukunft liegenden Daten ergebenden Probleme sind verschiedene Lösungen entwickelt worden. Die Datenansätze können erfolgen mithilfe von:

- **Korrekturverfahren**, bei denen die Ungewissheit überbrückt wird, indem Risikozuschläge bzw. Risikoabschläge erfolgen. Diese können sich auf den Kalkulationszinssatz, die Nutzungsdauer, den Rest(erlös)wert bzw. Liquidationserlös sowie den Gewinn bzw. Überschuss beziehen.

- **Sensitivitätsanalysen**, mit deren Hilfe sich Erkenntnisse darüber gewinnen lassen, wie empfindlich ein durch ein investitionsrechnerisches Verfahren ermitteltes Ergebnis ist, wenn sich darin eingehende Daten verändern.

  Als Rechenverfahren stehen die **Ergebnis-Änderungs-Rechnung** und die **Kritische Werte-Rechnung** zur Verfügung.

- **Risikoanalysen**, deren Zweck die Gewinnung einer Wahrscheinlichkeitsverteilung für die in ein Verfahren der Investitionsrechnung eingehenden Werte ist.

- **Entscheidungsbaum-Verfahren**, die vorzugsweise bei einem mehrstufigen Planungsprozess von Investitionen eingesetzt werden können, der durch Ungewissheit gekennzeichnet ist.

  Grundlage für den Einsatz des Entscheidungsbaum-Verfahrens ist der Entscheidungsbaum, mit dessen Hilfe es möglich ist, den Planungsprozess klar und übersichtlich darzustellen. Er ist eine grafische Darstellung unter Verwendung von Pfeilen und Knoten, mit der ein mehrstufiges Entscheidungsproblem beschrieben wird.

Die Investitionsplanung beruht auf vielfältigen Daten, die in die Investitionsentscheidung eingehen. Die erforderlichen der Investitionsrechnung zu Grunde liegenden Daten sind aber nicht immer sicher verfügbar, mitunter sind sie risikobehaftet oder unsicher.

Wichtige Daten für die Investitionsplanung sind:

- Die **Anschaffungskosten bzw. Anschaffungsauszahlungen** für die zu beschaffenden Investitionsobjekte. Sie lassen sich in den meisten Fällen aufgrund verfügbarer bzw. leicht beschaffbarer Unterlagen ohne besondere Schwierigkeiten ermitteln.

- Die **Rest(erlös)werte bzw. Liquidationserlöse** für die zu beschaffenden Investitionsobjekte. Sie müssen geschätzt werden, was wegen des meist mehrere Jahre zu überbrückenden Zeitraumes schwierig ist.

- Die mit den zu beschaffenden Investitionsobjekten zu erzielenden **Gewinne bzw. Überschüsse**. Ihre Festlegung erweist sich in der Praxis als schwierig, da die Erlöse bzw. Einzahlungen wie auch die Kosten bzw. Auszahlungen die mit den Investitionsobjekten verbunden sind, schwer zurechenbar bzw. über die Nutzungsperioden hinweg in ihrer Höhe nicht ohne weiteres ermitelbar sein können.

- Die **Nutzungsdauern** der zu beschaffenden Investitionsobjekte, die sich vorrangig an wirtschaftlichen Gesichtspunkten orientieren, aber technische Aspekte nicht außer Acht lassen sollten. Insofern ist ihre Ermittlung schwierig.

- Der **Kalkulationszinssatz**, mit dem die Investitionsobjekte zu bewerten sind. Seine Höhe hängt von Risiko-, Finanzierungs- und steuerlichen Gegebenheiten ab. Er kann sich am Kapitalmarktzins, Branchenzins oder Unternehmenszins orientieren.

Die Investitionspolitik ist die Summe aller zielbezogenen Maßnahmen, die der Kapitalverwendung dienen. Mithilfe ihrer Analyse kann das Verhalten von Unternehmen als Investoren beurteilt werden. Hierzu dienen als **Kennzahlen** [⇨ 127]:

Die **Investitionsquote** soll Aufschluss darüber geben, welche **Investitionsneigung** im Unternehmen besteht. Ihr Vergleich im Zeitablauf gibt Hinweise darauf, inwieweit sich die Investitionstätigkeit verändert hat.

$$\text{Investitions-} \atop \text{quote} = \frac{\text{Nettoinvestition bei Sachanlagen}}{\text{Anfangsbestand der Sachanlagen}} \cdot 100$$

Mit der **Investitionsdeckung** wird offengelegt, inwieweit ein wirkliches **Wachstum** des Unternehmens gegeben ist, denn die Kennzahl zeigt, ob und in welchem Umfang Anlagenzugänge aus Abschreibungen finanziert werden.

$$\text{Investitions-} \atop \text{deckung} = \frac{\text{Abschreibungen auf Sachanlagen}}{\text{Zugänge an Sachanlagen}} \cdot 100$$

Liegt die Investitionsdeckung über 100 %, dann wurden die Abschreibungen nicht voll reinvestiert. Bei einem Wert von unter 100 % liegt die Quote der Reinvestition über den Abschreibungen.

Die **Abschreibungsquote** legt bei Betrachtung mehrerer aufeinander folgender Perioden offen, ob – bei steigender Quote – **stille Reserven** zu Lasten des Gewinns gebildet oder – bei sinkender Quote – zu Gunsten des Gewinnes aufgelöst werden.

$$\text{Abschreibungs-} \atop \text{quote} = \frac{\text{Abschreibung auf Sachanlagen}}{\text{Endbestand an Sachanlagen}} \cdot 100$$

Investitionsproblem	Götze (2005); Hirth (2005); Jung (2006a); Olfert/Reichel (2006a+b)	107

Das Investitionsproblem stellt sich im Unternehmen in unterschiedlicher Weise. Dabei kann die **Investitionsentscheidung** sich beziehen auf:

- Eine **Einzelinvestition**, deren Vorteilhaftigkeit zu beurteilen ist, ohne dass es für sie alternative Investitionen [⇨ 094] gibt, z. B. wenn eine Spezialmaschine nur von einem einzigen Unternehmen angeboten wird. Bei mangelnder Vorteilhaftigkeit wird das Investitionsobjekt, je nach Dringlichkeit des Bedarfes, gegebenenfalls nicht beschafft.

- Das **Auswahlproblem**, das entsteht, wenn mehrere Investitionsalternativen vorhanden sind, wie es für die meisten Investitionsentscheidungen typisch ist. Es ist zu bestimmen, welches der alternativen Investitionsobjekte das günstigere bzw. günstigste ist, z. B. wenn drei Hersteller eine Drehmaschine mit bestimmten, technischen Daten anbieten.

- Das **Ersatzproblem**, bei dem es um die Frage geht, wann es vorteilhaft ist, ein in Nutzung befindliches, technisch durchaus noch weiter verwendbares Investitionsobjekt durch ein neues, gleichartiges Investitionsobjekt zu ersetzen.

  Gründe für den Ersatz eines alten durch ein neues Investitionsobjekt können steigende Reparaturkosten, eine erhöhte Ausschussquote, eine fallende quantitative oder qualitative Kapazität bzw. eine zurückgehende Qualität der Produkte sein.

Um eine Einzelinvestition beurteilen bzw. das Auswahl- oder Ersatzproblem bewältigen zu können, werden die **Investitionsrechnungen** [⇨ 110] eingesetzt, die für die Lösung der einzelnen Problemstellungen unterschiedlich geeignet sind. Das sind Rechenverfahren, deren Zweck es ist festzustellen, ob ein Investitionsobjekt der Zielsetzung des Investors entspricht und welches von mehrere Investitionsobjekten die Zielsetzung am besten erfüllt.

Investitionsprogramm	Götze (2005); Hirth (2006a + b); Perridon/Steiner (2006); Swoboda (1996)	108

Das Unternehmen hat eine Vielzahl von Investitionen zu planen, die das Investitionsprogramm darstellen und im Investitionsplan dokumentiert werden. Als typischer **Ablauf** zur Festlegung des Investitionsprogramms gilt:

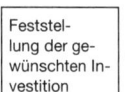 ⇨  ⇨ 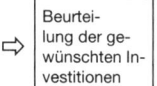 ⇨  ⇨ 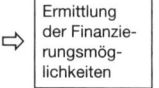 ⇨ Festlegung des Investitionsprogrammes

Feststellung der gewünschten Investition — Ermittlung des Investitionsbedarfes — Beurteilung der gewünschten Investitionen — Ermittlung des Kapitalbedarfes — Ermittlung der Finanzierungsmöglichkeiten — Festlegung des Investitionsprogrammes

Planungskonzepte zur Erstellung des Investitionsprogrammes sind:

- Die **kapitalwertbezogene Planung**, bei der mittels einer Relation des Kapitalwertes und des Kapitaleinsatzes einer jeden beabsichtigten Investition eine Rangfolge im Investitionsprogramm aufgestellt wird. Die Höhe des Kapitalwertes der jeweiligen Investition dient dabei als Maßstab ihrer Vorteilhaftigkeit.

- Die **Interne Zinsfuß-bezogene Methode**, mit der anhand des Internen Zinsfußes eine Rangfolge sämtlicher beabsichtigter Investitionen ermittelt wird. Sie kann mithilfe des **Dean-Modells** erfolgen.

- Die **Simultanplanung** als gleichzeitige Planung der Einzahlungen und Auszahlungen. Sie bezieht sich auf sämtliche Investitionen des Unternehmens, die in Bezug auf ihre Vorteilhaftigkeit beurteilt werden, um das optimale Investitionsprogramm zusammenzustellen.

- Die **Sukzessivplanung**, die üblicherweise in der Praxis erfolgt. Dabei wird von einem Teilplan begonnen, dem ausschlaggebende Bedeutung zugemessen wird, meist dem Absatzplan, ggf. auch einen Engpassplan. Die übrigen Teilpläne werden sodann nach und nach entwickelt.

Investitionsprozess	*Blohm/Lüder (2005); Kruschwitz (2005); Olfert/ Reichel (2006a + b)*	**109**

Der Investitionsprozess beginnt mit der ersten Auszahlung, die für die Beschaffung eines Investitionsobjektes notwendig ist. Vielfach folgen daraufhin Auszahlungen, z. B. für Löhne und Materialien. Das auf diese Weise gebundene Kapital [⇨ 114] wird nach und nach wieder freigesetzt, indem die mithilfe des Investitionsobjektes erstellten Leistungen abgesetzt werden, wodurch Einzahlungen zu erzielen sind. Diese Freisetzung wird **Desinvestition** genannt:

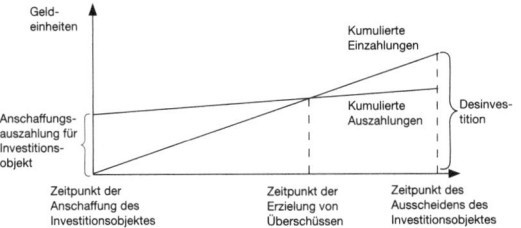

Als Führungsprozess umfasst der Investitionsprozess:

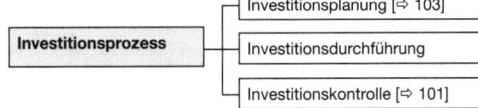

Mithilfe des **Investitionscontrolling** lässt sich der Investitionsprozess steuern. Zur Investitionsplanung und Investitionskontrolle kommt dabei die Versorgung mit allen notwendigen Informationen, welche die Steuerung als Teilaufgabe des Investitionscontrolling möglich macht.

Investitionsrechnung	*Goetze (2005); Grob (2006); Kruschwitz (2005); Olfert/Reichel (2006a+b); Rolfes (2003)*	**110**

Die Investitionsrechnung ist ein Rechenverfahren, dessen Zweck es ist festzustellen, ob ein Investitionsobjekt der Zielsetzung des Investors entspricht und welches von mehreren Investitionsobjekten die Zielsetzung am besten erfüllt. Sie dient damit der quantitativen und qualitativen Beurteilung der Vorteilhaftigkeit von Investitionen [⇨ 094].

Beispiel: 2000 wurden zwei Investitionsobjekte beschafft, die 2008 ausschieden. Investitionsobjekt I verursachte Auszahlungen in Höhe von 860.000 € und erwirtschaftete Einzahlungen von 840.000 €. Investitionsobjekt II verursachte Auszahlungen von 790.000 € und erwirtschaftete Einzahlungen von 910.000 €. Das Investitionsobjekt II war mit einem Gewinn von 120.000 € das vorteilhaftere Objekt. Das Objekt I stellte eine Fehlinvestition dar.

Arten der Investitionsrechnung sind:

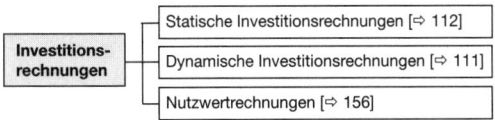

Die traditionellen Investitionsrechnungen weisen **quantitative Bewertungskriterien** auf:

- Bei **statischen Investitionsrechnungen** handelt es sich um Kosten, Gewinn, Rentabilität [⇨ 171] und Amortisationszeit.

- Bei **dynamischen Investitionsrechnungen** sind es Kapitalwert, interner Zinsfuß, Annuität.

Die Nutzwertrechnungen berücksichtigen **qualitative Bewertungskriterien**, die es ermöglichen, die Investitionsobjekte ihrer Vorteilhaftigkeit entsprechend in eine Rangordnung zu bringen.

Investitionsrechnung, *dynamische*	Goetze (2005); Grob (2006); Olfert/Reichel (2006a+b); Rolfes (2003)	111

Die dynamische Investitionsrechnung umfasst Rechenverfahren zur Beurteilung der Vorteilhaftigkeit von Investitionsobjekten. Ihre **Merkmale**, mit denen sie sich insbesondere von der statischen Investitionsrechnung [⇨ 112] unterscheidet, sind:

- Sie bezieht sich auf alle Nutzungsperioden des Investitionsobjektes.
- Sie basiert auf Einzahlungen und Auszahlungen.
- Sie bedient sich finanzmathematischer Methoden.

Deshalb eignet sie sich wesentlich besser als die statische Investitionsrechnung, um die Vorteilhaftigkeit von Investitionsobjekten zu beurteilen. Die dynamische Investitionsrechnung ist andererseits aber schwieriger zu handhaben als die statische Investitionsrechnung, sodass sie in der Praxis weniger häufig eingesetzt wird.

Folgende **Verfahren** lassen sich unterscheiden:

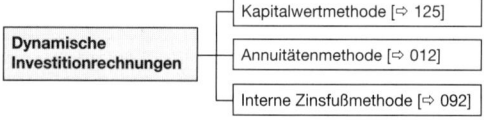

Die Verwendung finanzwirtschaftlicher Methoden ermöglicht es, die Bedeutung der Daten im Zeitablauf zu berücksichtigen. Dies geschieht durch die Verzinsung, mit deren Hilfe eine Vergleichbarkeit der Einzahlungen und Auszahlungen herbeigeführt wird. Dazu ist vom Unternehmen der **Kalkulationszinssatz** festzulegen.

Investitionsrechnung, *statische*	Goetze (2005); Grob (2006); Olfert/Reichel (2006a+b); Pflaumer/Kohler (2004)	112

Die statische Investitionsrechnung umfasst Rechenverfahren, mit denen die Vorteilhaftigkeit von Investitionsobjekten beurteilt wird. Ihre **Merkmale**, mit denen sie sich inbesondere von der dynamischen Investitionsrechnung [⇨ 111] unterscheidet, sind:

- Sie bezieht sich lediglich auf eine Periode.
- Sie berücksichtigt keine Interdependenzen.
- Sie basiert auf Kosten und Leistungen.

Trotz dieser Einschränkungen werden die statischen Investitionsrechnungen in der Praxis **häufig eingesetzt**, da sie relativ **einfach zu handhaben** sind. Sie können geeignet sein, die Vorteilhaftigkeit von abgrenzbaren, gleichartigen Investitionsobjekten auf der Grundlage repräsentativer oder durchschnittlicher Werte festzustellen.

Es gibt folgende **Verfahren**:

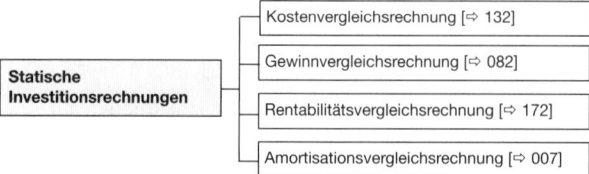

Die **Nachteile** der statischen Investitionsrechnungen liegen vor allem in der kurzfristigen Betrachtungsweise sowie in der fehlenden Berücksichtigung des zeitlichen Anfalles von Einzahlungen und Auszahlungen.

Der Jahreswert ist der jährlich in gleicher Höhe anfallende Wert, der sich aus einem bestimmten, auf den Beginn oder das Ende der Vergleichsperiode bezogenen Wert ergibt:

- Zahlung eines **jetzt** fälligen Betrages in gleichen Teilbeträgen zu den Periodenenden

$$e = K_0 \cdot \frac{q^n (q - 1)}{q^n - 1}$$ oder $$e = K_0 \cdot \frac{i (1 + i)^n}{(1 + i)^n - 1}$$

* Er wird auch als **Verrentungsfaktor** oder **Annuitätenfaktor** bezeichnet.

e = Einzahlungen (€/Jahr)

K_0 = Wert im Zeitpunkt t_0 (€)

$\frac{q^n (q - 1)}{q^n - 1}$ = Kapitalwiedergewinnungsfaktor*

i = Kalkulationszinssatz (%)

Beispiel: Eine jetzt fällige Summe von 80.000 € soll in 10 jährlichen Raten gezahlt werden. Bei einem Zinssatz von 8 % ergeben sich jährlich e = 80.000 • 0,149029 = **11.922,32 €**.

- Zahlung eines **später** fälligen Betrages in gleichen Teilbeträgen zu den Periodenenden

$$e = K_n \cdot \frac{q - 1}{q^n - 1}$$ oder $$e = K_n \cdot \frac{i}{(1 + i)^n - 1}$$

e = Einzahlungen (€/Jahr)

K_n = Wert im Zeitpunkt t_n (€)

$\frac{q - 1}{q^n - 1}$ = Restwertverteilungsfaktor

i = Kalkulationszinssatz (%)

Beispiel: Ein am Ende des 5. Jahres von Adolf Schmidt bereitzustellender Geldbetrag von 20.000 € wird zuvor in 5 gleichen Raten zum Jahresende ausgezahlt. Bei einem Zinssatz von 8 % beträgt jährliche Rate von e = 20.000 · 0,170456 = **3.409,12 €**.

Das Kapital wird in der Betriebswirtschaftslehre begrifflich unterschiedlich weit gefasst. So kann unter Kapital die abstrakte Wertsumme in der Bilanz [⇨ 022], Geld für Investitionszwecke oder ganz allgemein Geld verstanden werden. Das bilanziell ausgewiesene Kapital kann sein:

- Das **Eigenkapital** [⇨ 039], das auf der Passiv-Seite der Bilanz die Geschäftsanteile, Rücklagen, den Gewinnvortrag und Jahresüberschuss umfasst sowie das **Fremdkapital** [⇨ 073], das mit Rückstellungen [⇨ 177] und Verbindlichkeiten auf der Passiv-Seite der Bilanz steht.
- Das **abstrakte Kapital** als Gesamtheit der Positionen auf der Passiv-Seite der Bilanz – also das Eigenkapital und Fremdkapital – sowie das **konkrete Kapital**, das als Anlagevermögen [⇨ 010] und Umlaufvermögen [⇨ 188] auf der Aktiv-Seite der Bilanz zu finden ist.

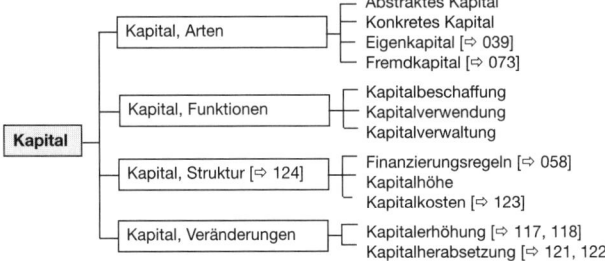

Die **Funktionen** des Kapitals werden durch die Finanzwirtschaft [⇨ 065] wahrgenommen. Dabei stellt die Kapitalbeschaffung die Finanzierung [⇨ 048], die Kapitalverwendung die Investition [⇨ 094] und die Kapitalverwaltung den Zahlungsverkehr [⇨ 195] dar.

Kapitalbedarf	Franke/Hax (2004); Olfert/Reichel (2008), Perridon/Steiner (2006); Wöhe/Bilstein (2002)	115

Der Kapitalbedarf entsteht dadurch, dass vom Unternehmen Auszahlungen zu leisten sind, denen unmittelbar keine zumindest gleich hohen Einzahlungen gegenüberstehen. Er wird mithilfe der **Kapitalbedarfsrechnung** [⇨ 116] ermittelt, die ein Instrument der Finanzplanung [⇨ 062] ist. Seine Höhe ergibt sich grundsätzlich aus der Differenz zwischen den kumulierten Auszahlungen und den kumulierten Einzahlungen:

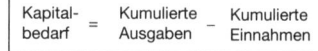

$$\text{Kapital-bedarf} = \text{Kumulierte Ausgaben} - \text{Kumulierte Einnahmen}$$

Die **Höhe des Kapitalbedarfes** ist dabei nicht nur von der Höhe der Einzahlungen und Auszahlungen abhängig, sondern auch vom zeitlichen Abstand der Einzahlungen und Auszahlungen, vgl. Abb.:

Beispiel:

Monat	Auszahlungen	Einzahlungen
Januar	1.000 €	0 €
Februar	2.000 €	0 €
März	3.000 €	1.000 €
April	1.000 €	2.000 €
Mai	2.000 €	2.000 €
Juni	1.000 €	2.000 €

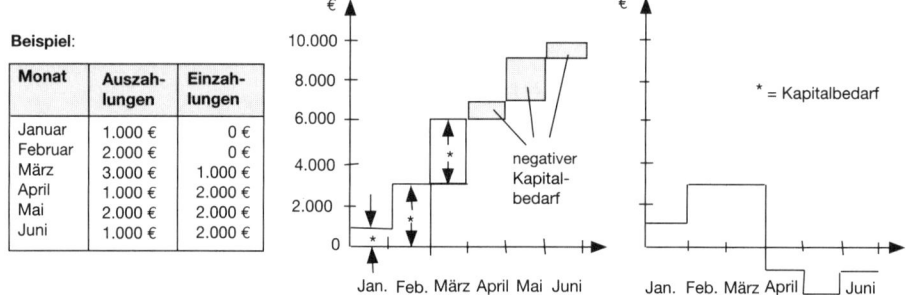

Durch Veränderungen der Prozessanordnung, der Unternehmensgröße, des Leistungsprogrammes, der Beschäftigung, der Prozessgeschwindigkeit und des Preises kann die **Höhe des Kapitalbedarfes** beeinflusst werden.

Kapitalbedarfsrechnung	Eilenberger (2003); Olfert/Reichel (2008); Perridon/Steiner (2006);	116

Die Kapitalbedarfsrechnung dient dazu, den **Kapitalbedarf** [⇨ 115] auf relativ einfache Weise zu ermitteln. Sie wird in drei **Schritten** durchgeführt, womit den unterschiedlichen Eigenschaften des Anlagevermögens [⇨ 010] und Umlaufvermögens [⇨ 188] – besonders unter zeitlichem Bezug – Rechnung getragen wird:

- Zunächst erfolgt die Ermittlung des **Anlagekapitalbedarfes** durch Addition der für die Güter des Anlagevermögens verursachten Anschaffungskosten, z. B. für Gebäude, Maschinen, Anlagen.

- Danach wird der **Umlaufkapitalbedarf** festgestellt, indem die Bindungsdauern des Umlaufvermögens mit den dafür täglich anfallenden durchschnittlichen Auszahlungen multipliziert und die Ergebnisse addiert werden:

ø täglicher Werkstoffeinsatz	5.000 €
ø täglicher Lohneinsatz	15.000 €
ø täglicher Gemeinkosteneinsatz	8.000 €

$$\text{Umlauf-kapitalbedarf} = \text{Kapitalbindungsdauer abzüglich Lieferantenziel} \cdot \text{Durchschnittliche tägliche Auszahlungen}$$

Beispiel:

Rohstoff-Lagerdauer	25 Tage	
Lieferantenziel	10 Tage	
Fertigungsdauer	20 Tage	
Fertigerzeugnis-Lagerdauer	5 Tage	
Kundenziel	15 Tage	

Umlaufkapitalbedarf =
= (15 + 5 + 20) · 15.000
+ (15 + 5 + 20 + 25 – 10) · 5.000
+ (15 + 5 + 20 + 25) · 8.000
= **1.395.000 €**

- Der **Gesamtkapitalbedarf** wird durch Addition des Anlagekapitalbedarfes und des Umlaufkapitalbedarfs festgestellt. Im Beispiel ergibt sich ein Umlaufkapitalbedarf von 1.395 Mio. €. Wird als Anlagekapitalbedarf ein Betrag von 3 Mio € angenommen, beträgt der Gesamtkapitalbedarf **4.395 Mio €**.

Wegen ihrer begrenzten Genauigkeit sollte die Kapitalbedarfsrechnung nur bei **Gründungen** [⇨ 086] oder betrieblichen **Erweiterungen** verwendet werden.

Die Kapitalerhöhung ist die **externe Zuführung von Eigenkapital** [⇨ 039] in ein bestehendes Unternehmen. Bei Kapitalgesellschaften [⇨ 120] verändert sich mit ihr die Struktur des Eigenkapitals zu Gunsten des gezeichneten Kapitals [⇨ 114].

Gründe für eine Kapitalerhöhung können z. B. Verbesserung der Liquidität [⇨ 146], Erweiterung der Kapazität, Maßnahmen der Rationalisierung, Maßnahmen der Umschuldung, Umwandlung der Rücklagen [⇨ 176] und personalwirtschaftliche Erwägungen sein.

Die Kapitalerhöhung wird je nach Rechtsform [⇨ 169] unterschiedlich vorgenommen:

- Beim **Einzelunternehmen** [⇨ 041] ist sie oft nur durch die Einbehaltung von Gewinnen möglich, da die Bereitstellung von Eigenkapital aus Privatmitteln begrenzt ist.

- Bei **Personengesellschaften** [⇨ 161] kann eine Erhöhung dadurch vorgenommen werden, dass die vorhandenen Gesellschafter ihre Geschäftsanteile erhöhen bzw. neue Gesellschafter in die Gesellschaft eintreten.

- Bei einer **AG** [⇨ 004] kann eine Kapitalerhöhung in verschiedenen Formen [⇨ 118] erfolgen. Es werden unterschieden:

▶ Ordentliche Kapitalerhöhung	▶ Genehmigte Kapitalerhöhung
▶ Bedingte Kapitalerhöhung	▶ Kapitalerhöhung aus Gesellschaftsmitteln.

- Bei der **GmbH** [⇨ 079] kann die Kapitalerhöhung durch die vorhandenen Gesellschafter vorgenommen oder durch Aufnahme neuer Gesellschafter bewirkt werden.

Die Kapitalerhöhung bei der AG [⇨ 004] kann erfolgen als:

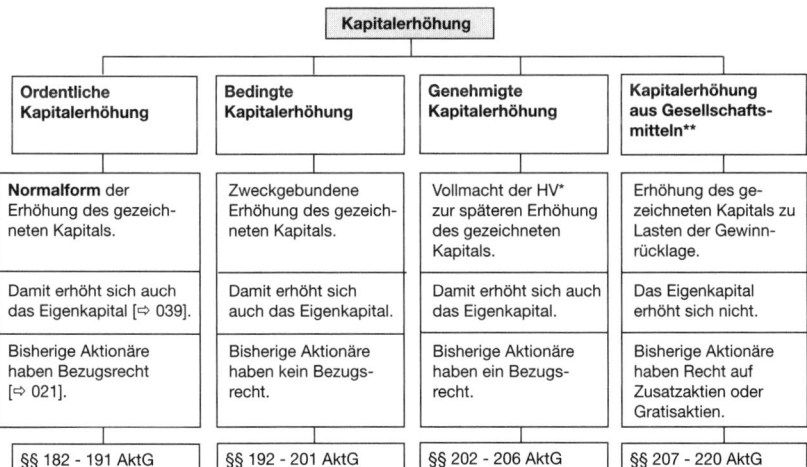

Ordentliche Kapitalerhöhung	Bedingte Kapitalerhöhung	Genehmigte Kapitalerhöhung	Kapitalerhöhung aus Gesellschaftsmitteln**
Normalform der Erhöhung des gezeichneten Kapitals.	Zweckgebundene Erhöhung des gezeichneten Kapitals.	Vollmacht der HV* zur späteren Erhöhung des gezeichneten Kapitals.	Erhöhung des gezeichneten Kapitals zu Lasten der Gewinnrücklage.
Damit erhöht sich auch das Eigenkapital [⇨ 039].	Damit erhöht sich auch das Eigenkapital.	Damit erhöht sich auch das Eigenkapital.	Das Eigenkapital erhöht sich nicht.
Bisherige Aktionäre haben Bezugsrecht [⇨ 021].	Bisherige Aktionäre haben kein Bezugsrecht.	Bisherige Aktionäre haben ein Bezugsrecht.	Bisherige Aktionäre haben Recht auf Zusatzaktien oder Gratisaktien.
§§ 182 - 191 AktG	§§ 192 - 201 AktG	§§ 202 - 206 AktG	§§ 207 - 220 AktG

* Hauptversammlung

** Das **Kapitalerhöhungsgesetz** (KapErhG) legt fest, dass eine Kapitalerhöhung aus Gesellschaftsmitteln nicht zu steuerpflichtigen Einkünften beim Anteilseigner führt (§ 1 KapErhG).

Die Kapitalflussrechnung ist eine differenzierte Methode zur Kontrolle finanzwirtschaftlicher Vorgänge. Als verfeinerte Bewegungsbilanz [⇨ 020] wird sie auch **Finanzflussrechnung** genannt. Mit ihr werden Veränderungen der Posten zweier aufeinander folgender Bilanzen [⇨ 022] bzw. GuV-Rechnungen zu Beginn und Ende einer Periode gegenübergestellt (Abb.). Sie dient der **dynamischen Liquiditätsanalyse** [⇨ 147]. Die Differenz zwischen insgesamt verfügbaren Mitteln (1) und eingesetzten Mitteln (2) ergibt die Zu- oder Abnahme der flüssigen Mittel.

Mittelherkunft
Einstellung in die Rücklage
• gesetzliche Rücklage
• Rücklage für eigene Anteile
• satzungsmäßige Rücklagen
• andere Gewinnrücklagen
− Entnahmen aus der Rücklage
+ Abschreibungen aus Sachanlagen (einschließlich Abgänge)
+ Abschreibungen auf Beteiligungen
+ Erhöhung des Grundkapitals
+ Zunahme der langfristigen Verbindlichkeiten
+ Zunahme der mittelfristigen Verbindlichkeiten
+ Erhöhung der Rückstellungen
+ Verringerte Vorratshaltung

= **Gesamtbetrag der verfügbaren Mittel (1)**

Mittelverwendung
Investitionen in
• Sachanlagen
• Beteiligungen
+ Erhöhung der Vorräte
+ Zunahme der Forderungen aus langfristigen Geschäften
+ Zunahme der Forderungen aus mittelfristigen Geschäften
+ Verminderung der kurzfristigen Verbindlichkeiten

= **Gesamtbetrag der eingesetzten Mittel (2)**

Die Kapitalflussrechnung verdeutlicht die durch die Bilanz und die GuV-Rechnung nicht zum Ausdruck gebrachten Vorgänge im Bereich der **Finanzierung** [⇨ 048] und der **Investition** [⇨ 094] und ist damit eine ergänzende Informationsquelle zum Jahresabschluss. Sie enthält z. B. Aussagen über die Höhe der Betriebsausgaben bzw. der Betriebseinnahmen aus Umsatzerlösen, hinsichtlich des Überschusses der Betriebseinnahmen über die Betriebsausgaben, hinsichtlich des Finanzbedarfs, der Außenfinanzierung aus Eigenkapital [⇨ 039] und Fremdkapital [⇨ 073] und im Hinblick auf die Veränderung der liquiden Mittel.

Die Kapitalgesellschaft ist ein Unternehmen, das als **Merkmale** aufweist:

• Sie ist **rechtsfähig**, d. h. als juristische Person ist sie Träger von Rechten und Pflichten.
• Sie verfügt über ein **festes Nominalkapital**, das gezeichnetes Kapital genannt wird.

Sie unterscheidet sich damit von der **Personengesellschaft** [⇨ 161]. Das gilt auch für die Behandlung nicht entnommener Gewinne. Sie können bei der Kapitalgesellschaft nicht, wie z. B. bei der OHG [⇨ 158], den Eigenkapitalkonten der betreffenden Gesellschafter zugeschrieben werden, sondern erfordern die Einrichtung eines Gewinnrücklagen-Kontos.

Die Kapitalgesellschaft tritt in folgenden **Rechtsformen** [⇨ 169] in Erscheinung:

Die **Kapitalanteile** der Gesellschafter der Kapitalgesellschaft sind unkündbar. Damit soll verhindert werden, dass sich mit dem Ausscheiden eines Gesellschafters der Haftungsumfang der Gesellschaft vermindert. Sie können aber übertragen werden, z. B. durch Verkauf von Aktien [⇨ 001].

Als Folge ihrer Rechtsfähigkeit hat die Kapitalgesellschaft **eigenes Vermögen**, mit dem sie insgesamt haftet, während die Gesellschafter einer Kapitalgesellschaft – mit Ausnahme der Komplementäre der KGaA – im Regelfall nur bis zur Höhe ihrer Einlagen haften.

Die Kapitalherabsetzung ist die **Verminderung des Eigenkapitals** [⇨ 039] eines Unternehmens. Gründe hierfür können Entnahmen von Gesellschaftern, das Ausscheiden von Gesellschaftern, die Verminderung des Kapitalbedarfs [⇨ 115] oder die Sanierung der Gesellschaft sein. Die Kapitalherabsetzung erfolgt bei den einzelnen Rechtsformen unterschiedlich:

* Bei **Einzelunternehmen** [⇨ 041] geschieht die Kapitalherabsetzung durch den Unternehmer in Form von Privatentnahmen, die er aus eigener Entscheidung vornehmen kann.

* Die Gesellschafter der **OHG** [⇨ 158] sind nach § 122 HGB berechtigt, jährlich eine Entnahme bis zu 4 % auf ihre für das letzte Geschäftsjahr festgestellten Kapitalanteile vorzunehmen. Darüber hinausgehende Gewinnanteile dürfen nur entnommen werden, sofern dies nicht zum offenbaren Schaden der Gesellschaft führt.

* Die Komplementäre der **KG** [⇨ 129] sind hinsichtlich ihres Rechtes auf Entnahme den Gesellschaftern der OHG gleichgestellt. Die Kommanditisten haben lediglich einen Anspruch auf Auszahlung ihres Gewinnanteils, sofern ihr Kapitalanteil nicht durch Verlust gemindert ist. Eine Herabsetzung ihres Kapitalanteils bedarf des Beschlusses aller Gesellschafter und des Eintrages in das Handelsregister [⇨ 088].

* Für die Kapitalherabsetzung bei der **GmbH** [⇨ 079] gelten gesetzliche Vorschriften (§ 58 GmbHG), die besonders dem Gläubigerschutz dienen sollen, da eine Herabsetzung des Stammkapitals eine Verminderung des Umfanges des Haftungsumfangs bedeutet.

* Für die **AG** [⇨ 004] sind spezielle Formen der Kapitalherabsetzung [⇨ 122] in den §§ 223 - 239 AktG gesetzlich geregelt. Das sind die ordentliche und die vereinfachte Kapitalherabsetzung sowie die Kapitalherabsetzung durch Einziehung von Aktien [⇨ 001].

Die Kapitalherabsetzung bei der AG ist in §§ 222 - 239 AktG geregelt. **Möglichkeiten** sind:

* Die **ordentliche Kapitalherabsetzung**, für die ein Beschluss der Hauptversammlung mit mindestens einer Drei-Viertel-Mehrheit erforderlich ist. Sie kann erfolgen, indem:

  ▶ Der Nennwert der Aktien [⇨ 001] vermindert wird , z. B. durch Herunterstempeln von 50 €-Aktien auf 5 €-Aktien.
  ▶ Mehrere Aktien zusammengelegt werden, z. B. durch den Umtausch von zwei alten Aktien in eine neue Aktie gleichen Nennwertes.

* Die **vereinfachte Kapitalherabsetzung**, die der buchmäßigen Sanierung dient. Sie wird auch als reine Sanierung bezeichnet. Besondere Vorschriften zum Gläubigerschutz sind bei ihr nicht zu beachten. Mit ihr ist eine Bereinigung der Bilanz [⇨ 022] möglich. Die vereinfachte Kapitalherabsetzung kann folgenden Zwecken dienen:

  ▶ Zum Ausgleich von Wertminderungen
  ▶ Zum Ausgleich von sonstigen Verlusten
  ▶ Zur Einstellung in die Kapitalrücklage

* Die **Kapitalherabsetzung durch Einziehung von Aktien**, die eine weitere Möglichkeit der Sanierung ist. Dabei bieten sich zwei Möglichkeiten:

  ▶ Die Einziehung eigener Aktien nach Erwerb durch die Gesellschaft
  ▶ Die Zwangseinziehung von Aktien durch die Gesellschaft, sofern sie in der ursprünglichen Satzung oder durch eine Satzungsänderung angeordnet oder gestattet war.

Sie bedarf der Beachtung der Vorschriften über die ordentliche Kapitalherabsetzung, es sei denn, die Aktien werden den Aktionären unentgeltlich zur Verfügung gestellt bzw. zu Lasten des Bilanzgewinnes oder einer »anderen Gewinnrücklage« eingezogen, die nicht zweckgebunden ist.

Kapitalkosten sind alle Aufwendungen, die erbracht werden müssen, um finanzielle Mittel als Eigenkapital [⇨ 039] oder Fremdkapital [⇨ 073] in Anspruch nehmen zu können. Die Kapitalkosten werden auch **Finanzierungskosten** genannt. Es sind zu unterscheiden:

Kapitalkosten	Arten	Beispiele
Einmalige Kapitalkosten fallen mit Beginn oder Ende der Finanzierung [⇨ 048] an.	Kapitalbeschaffungskosten	Provisionen Bearbeitungsgebühren Disagio Emissionskosten Kosten zur Stellung von Sicherheiten [⇨ 183]
	Kapitaltilgungskosten	Rückzahlungsagio Kurssicherungskosten Kosten der Rückerstattung von Sicherheiten
Laufende Kapitalkosten können sich für die Inanspruchnahme des Kapitals [⇨ 114], den Kapitaldienst und die Marktpflege, die der Schaffung und der Erhaltung des Finanzierungsspielraums dient, ergeben.	Kapitalnutzungskosten	Zinsen [⇨ 200] Überziehungsprovision Gewinnausschüttung Bereitstellungsprovision Einkommensteuer Körperschaftsteuer Gewerbeertragsteuer
	Kapitaldienstkosten	Kosten für Couponeinlösung Kosten für Stückeeinlösung
	Marktpflegekosten	Kosten für Börsenpublizität Kosten der Kurspflege

Der Schwerpunkt der Kapitalkosten liegt auf den **Kapitalnutzungskosten**.

Kapitalstruktur	Coenenberg (2005); Jahrmann (2003); Olfert/Reichel (2005 + 2008)	124

Die Kapitalstruktur beschreibt den Aufbau und die Zusammensetzung des Kapitals [⇨ 114]. Sie soll für das Unternehmen optimal gestaltet werden. **Kriterien** können sein:

• Die **Kapitalhöhe**, die einzelne Finanzierungsalternativen von vornherein als zweckmäßig oder unzweckmäßig erscheinen lassen oder die durch die Unternehmensleitung begrenzt sein kann.

• Die **Kapitalkosten** [⇨ 123], die einmalig und/oder laufend anfallen können und auch **Finanzierungskosten** genannt werden. Sie können in ihrer Höhe sehr unterschiedlich sein.

• Die **Kapitalfristigkeit**, die sich vor allem am Verwendungszweck orientiert. So erscheint es z.B. nicht ratsam, eine kurzfristige Spitze im Kapitalbedarf [⇨ 115] durch langfristig gebundenes Kapital zu decken. Ebenso dient kurzfristiges Kapital nicht dem langfristigen Kapitalbedarf.

• Die **Kapitalflexibilität**, die es ermöglichen soll, bisher genutzte Finanzierungsalternativen zu Gunsten (kosten-)günstigerer aktueller Finanzierungsalternativen aufgeben zu können. Kürzere Laufzeiten und zeitnahe Kündigungsmöglichkeiten machen Umfinanzierungen leichter, sind andererseits aber auch stärker risikobehaftet.

• Die **Kapitalsicherung**, mit der Kapitalgeber versuchen, ihr Verlustrisiko zu minimieren, insbesondere durch Prüfung der Kreditwürdigkeit des Kreditnehmers und durch vom Kreditnehmer bereitzustellende Sicherheiten [⇨ 183].

• Der **Kapitaleinfluss**, der sich in der Forderung nach Mitbestimmung, Mitsprache, Information, Kontrolle, Setzen von Richtlinien und Mitwirkung durch die Kapitalgeber äußern kann.

Die **Optimierung** der Kapitalstruktur wird auch mithilfe der Finanzierungsregeln [⇨ 058] angestrebt, die hierzu allerdings nur sehr begrenzt geeignet sind.

Die Kapitalwertmethode ist eine **dynamische Investitionsrechnung** [⇨ 111], bei welcher der Kapitalwert zum Beginn der Nutzungsdauer von Investitionsobjekten als Maßstab der Vorteilhaftigkeit dient. Sie wird deshalb auch als **Bar-Kapitalwert-Methode** bezeichnet.

Als **Kapitalwert** einer Investition [⇨ 094] ist die Differenz zwischen dem Barwert [⇨ 017] der investitionsbedingten Einzahlungen und dem Barwert der investitionsbedingten Auszahlungen zu verstehen, wobei ein **Liquidationserlös** des Investitionsobjektes abgezinst und den Überschüssen des Investitionsobjektes zugerechnet wird:

$$C_o = \frac{e_1 - a_1}{q} + \frac{e_2 - a_2}{q^2} + ... + \frac{e_n - a_n}{q^n} + \frac{L}{q^n} - a_0$$

C_o = Kapitalwert (€)
e = Einzahlungen in Nutzungsjahren 1...n (€/Jahr)
a = Auszahlungen in Nutzungsjahren 1...n (€/Jahr)
q = Aufzinsungsfaktor (%)
a_0 = Anschaffungswert (€)
$Ü$ = Überschüsse in Nutzungsjahren 1...n (€/Jahr)
L = Liquidationserlös (€)

Der **Kapitalwert** kann positiv, negtiv oder Null sein. Dementsprechend ergibt sich unter Beachtung der Ausgaben und der erwarteten Verzinsung ein Investitionsgewinn oder ein Investitionsverlust. Beim Wert Null kann die Investition immer noch vorteilhaft sein.

Mithilfe der Kapitalwertmethode kann die Vorteilhaftigkeit eines **einzelnen Investitionsobjektes** beurteilt werden, die gegeben ist, wenn der Kapitalwert gleich oder größer Null ist. Außerdem lässt sich die Vorteilhaftigkeit **alternativer Investitionsobjekte** sowie der **optimale Ersatzzeitpunkt** eines alten durch ein neues Investitionsobjekt beurteilen, was aber nicht unproblematisch ist.

Das Auswahlproblem stellt sich, wenn mehrere alternative Investitionsobjekte vorhanden sind, von denen das vorteilhaftere/vorteilhafteste zu bestimmen ist, also dasjenige mit dem höheren/höchsten Kapitalwert. Der Vergleich alternativer Investitionsobjekte ist, sofern die Einzahlungen und Auszahlungen bekannt sind, problemlos möglich, wenn deren Anschaffungswerte und Nutzungsdauern gleich sind.

Das Auswahlproblem wird zweckmäßigerweise tabellarisch gelöst. Steht z. B. ein Investitionsobjekt I mit einem Anschaffungswert von 100.000 € und ein Investitionsobjekt II mit gleichem Anschaffungswert zur Auswahl, die beide 4 Jahre nutzbar sind und keinen Liquidationserlös erbringen, ergibt sich bei unterschiedlichen Überschüssen (siehe Tabelle) und einem Kalkulationszinssatz von 8 %:

Jahr	Abzinsungs-faktor	Investitionsobjekt I		Investitionsobjekt II	
		Überschüsse	Barwert	Überschüsse	Barwert
1	0,925926	25.000	23.148	25.000	23.148
2	0,857339	25.000	21.433	30.000	25.720
3	0,793832	35.000	27.784	25.000	19.846
4	0,735030	35.000	25.726	20.000	14.701
5	0,680583	10.000	6.806	30.000	20.417
= Summe			104.897		103.832
− Anschaffungswert			100.000		100.000
= **Kapitalwert**			**4.897**		**3.832**

Unterscheiden sich die alternativen Investitionsobjekte in ihrem Anschaffungswert oder/und ihrer Nutzungsdauer, wird mitunter vorgeschlagen, eine **Differenzinvestition** anzusetzen. Sofern die rückfließenden Zahlungsströme zum verwendeten Kalkulationszinsfuß wieder angelegt werden, kann bei der Lösung des Auswahlproblems jedoch auf den Ausweis einer Differenzinvestitionen verzichtet werden.

Die Kennzahl bezieht sich auf wichtige **betriebliche Tatbestände** und stellt diese in **konzentrierter Form** dar. Sie dient der Unternehmensleitung dazu, rasch einen Überblick über die Leistungsfähigkeit des Unternehmens zu erhalten. Im Rahmen der Unternehmensanalyse gewonnene Kennzahlen sind Ausgangspunkte für die Steuerung des Unternehmens, die durch das Controlling erfolgt. Eine verfeinerte Kennzahlenanalyse enthält das **Balanced-Scorecard-System**, das der strategischen Führung eines Unternehmens dient.

Nach ihrem Aufbau lassen sich folgende **Arten** von Kennzahlen unterscheiden:

* **Absolute Kennzahlen**, die lediglich absolute Veränderungen berücksichtigen, z. B. Summen, Differenzen oder Einzelzahlen, z. B. die Anzahl der Mitarbeiter am Ende eines Jahres. Sie besitzen lediglich eine begrenzte Aussagekraft.

* **Relative Kennzahlen**, deren Aussagefähigkeit größer als die der absoluten Zahlen ist, weil bei ihnen eine Größe zu einer anderen in Beziehung gesetzt wird. Sie können sein:

Gliederungszahlen	Sie zeigen das Verhältnis eines Teiles zum Ganzen und sind häufig Prozentzahlen, die strukturelle Verhältnisse offenlegen, z. B. Anteile der Angestellten an der Gesamtbelegschaft, Umlaufvermögen [⇨ 188] in Prozent der Bilanzsumme.
Beziehungszahlen	Sie stellen wesensverschiedene zueinander in Beziehung gesetzte Größen dar, die jedoch in einem logischen Zusammenhang stehen, z. B. Umsatz je qm Verkaufsfläche, Umsatz je Mitarbeiter.
Indexzahlen	Sie drücken ein Verhältnis zweier gleichartiger Größen aus, die aber zu verschiedenen Zeitpunkten oder an verschiedenen Orten entstanden sind. Eine Größe erhält den Wert 100, die andere wird an diesem Index gemessen, z. B. die Entwicklung der Löhne.

Verschiedene relative Kennzahlen werden zu **Kennzahlensystemen** [⇨ 128] zusammengefasst.

Ein Kennzahlensystem dient dazu, betriebswirtschaftliche Zusammenhänge in ihren Wechselwirkungen offenzulegen. Es geht immer von einer bestimmten Ausgangskennzahl aus und entwickelt sich baumförmig weiter. Die Ausgangskennzahl bestimmt das Untersuchungsziel.

Ein gebräuchliches Kennzahlensystem ist das **Du Pont-System**. Es geht von der Kennzahl [⇨ 127] »Return on Investment« als Ertrag aus investiertem Kapital [⇨ 114] aus und legt offen, wie die geplanten Einsatz-, Ertrags- und Erfolgsgrößen in einen sinnvollen Zusammenhang gebracht werden können:

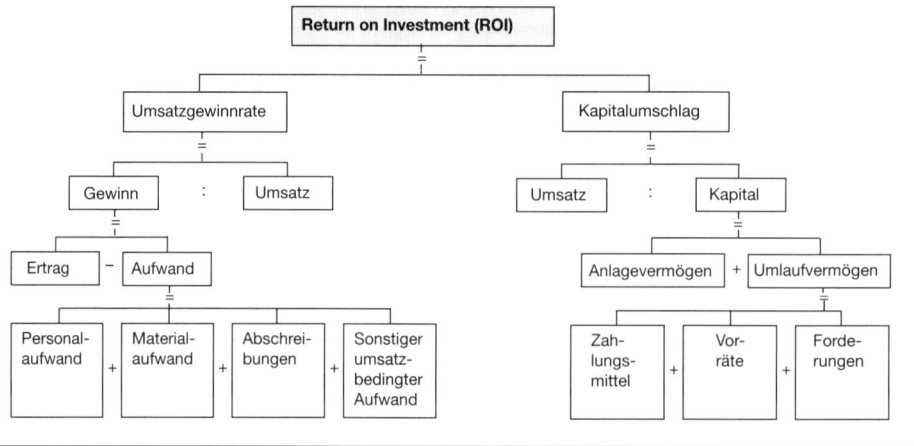

Kommanditgesellschaft	*Korndörfer (2003); Olfert (2005); Olfert/Rahn (2008); Olfert/Reichel (2005 + 2008)*	**129**

Die Kommanditgesellschaft (KG) ist der **Betrieb eines Handelsgewerbes** unter gemeinschaftlicher Firma [⇨ 066] durch zwei oder mehr Personen, wobei mindestens ein Gesellschafter (Komplementär) unbeschränkt und mindestens ein Gesellschafter (Kommanditist) beschränkt haftet. Als Rechtsgrundlage gelten die §§ 161 - 177a HGB. Sie stellt eine **Personengesellschaft** [⇨ 161] dar.

Die **Firma** [⇨ 066] der KG kann eine Personen-, Sach-, Fantasie- oder Mischfirma sein. Sie muss die Bezeichnung Kommanditgesellschaft bzw. KG enthalten (§ 19 Abs. 1 Ziff. 3 HGB). Für die Form der **Gründung** [⇨ 086] gelten dieselben Vorschriften wie für die OHG [⇨ 158]. Die KG wird in das Handelsregister [⇨ 088] eingetragen. Die **Auflösung** der KG geschieht durch den Tod eines Komplementärs, durch Beschluss der Gesellschafter, durch Kündigung von Gesellschaftern, durch Insolvenzeröffnung über das Gesellschaftsvermögen.

Die **Komplementäre** weisen die gleichen Rechte und Pflichten auf wie die Gesellschafter der OHG. Für die **Kommanditisten** gilt:

- Sie haben ein **Recht** auf Widerspruch gegen Geschäftsführungsmaßnahmen, auf Anteil am Reingewinn bis zu 4 % ihrer Kapitalanteile (Rest wird in angemessenem Verhältnis verteilt), auf Mitteilung über den Jahresabschluss, auf Anteil am Liquidationserlös in angemessenem Verhältnis und auf Kündigung unter Einhaltung einer Frist von mindestens sechs Monaten.

- Zu ihren **Pflichten** zählt die vertraglich festgelegte Kapitaleinlage fristgerecht zu leisten, in angemessenem Verhältnis am Verlust beteiligt zu sein und bis zum Betrag ihrer Haftsumme zu haften, nicht dagegen mit ihrem Privatvermögen.

Die **Kapitalkosten** [⇨ 123] der KG entsprechen den bei der OHG anfallenden Kosten.

Kommanditgesellschaft auf Aktien	*Kraft/Kreutz (2006); Luger (2003); Olfert/ Rahn (2008); Olfert/Reichel (2008)*	**130**

Die Kommanditgesellschaft auf Aktien (KGaA) ist eine **juristische Person** mit mindestens einem persönlich haftenden Gesellschafter, der das Unternehmen leitet. Die übrigen Gesellschafter sind als Kommanditaktionäre mit Einlagen auf das in Aktien [⇨ 001] zerlegte Kapital [⇨ 114] beteiligt, ohne dass sie mit ihrem Privatvermögen haften. Die KGaA ist eine Mischform zwischen der AG [⇨ 004] und der KG [⇨ 129]. Rechtsgrundlagen sind §§ 278 - 290 AktG und §§ 161 - 177 HGB. Mit der KGaA kann über den Kapitalmarkt ein großes Finanzvolumen aufgebracht werden.

Zur **Gründung** [⇨ 086] einer KGaA sind ein oder mehrere Gründer erforderlich, von denen mindestens einer persönlich haftender Gesellschafter sein muss. Das Mindestkapital beträgt 50.000 €. Die KGaA wird in das Handelsregister [⇨ 088] eingetragen. Die **Firma** [⇨ 066] kann eine Personen-, Sach-, Fantasie- oder gemischte Firma sein und muss den Zusatz Kommanditgesellschaft auf Aktien bzw. KGaA enthalten. Die **Auflösung** der KGaA kann durch Kündigung eines persönlich haftenden Gesellschafters und Beschluss der Hauptversammlung erfolgen.

Für die Gesellschafter gilt:

- Die **Rechte** der Geschäftsführung und der Vertretung liegen allein beim persönlich haftenden Gesellschafter, der »geborener« Vorstand ist. Der Gewinn für Kommanditaktionäre wird nach dem Verhältnis der Aktiennennbeträge verteilt.

- Die **Pflichten** bestehen vor allem in der Haftung. Während die persönlich haftenden Gesellschafter wie bei einer KG unbeschränkt haften, ist die Haftung der Kommanditaktionäre wie bei einer AG auf die Einlage beschränkt.

Die KGaA verursacht relativ hohe **Kapitalkosten** [⇨ 123], ihre Konstruktion ist kompliziert. Aus diesen Gründen hat sie in der Praxis nur begrenzte Bedeutung erlangt.

Kontokorrentkredit	*Becker (2002a); Grill/Perczynski (2002); Olfert/Reichel (2005 + 2008)*	131

Der Kontokorrentkredit ist ein **Geldkredit**, der im Rahmen der kurzfristigen Fremdfinanzierung [⇨ 071] gewährt wird. Dabei räumt ein Kreditinstitut einem Kreditnehmer einen Kredit [⇨ 136] in einer bestimmten Höhe ein, der vom Kreditnehmer bis zu einem vereinbarten Maximalbetrag – der **Kreditlinie** – in Anspruch genommen werden kann. Beim Überschreiten der Kreditlinie entsteht ein **Überziehungskredit**. Rechtsgrundlagen für den Kontokorrentkredit sind außer dem Kreditvertrag die Allgemeinen Geschäftsbedingungen bzw. §§ 356 ff. HGB und §§ 607 ff. BGB.

Die **Laufzeit** des Kontokorrentkredits wird meist auf 6 Monate vereinbart. Er ist sehr flexibel nutzbar und damit geeignet, kurzfristige Schwankungen im Kapitalbedarf [⇨ 115] abzudecken, z. B. für Lohnzahlungen. Sofern der Kreditnehmer keinen Anlass zur Auflösung des Vertragsverhältnisses gibt, wird der Kontokorrentkredit prolongiert, d. h. verlängert.

Die Gewährung eines Kontokorrentkredites durch ein Kreditinstitut setzt üblicherweise voraus, dass der Kreditnehmer seinen Zahlungsverkehr [⇨ 195] zu einem erheblichen Teil dort abwickelt. Das Kreditinstitut kann aber auch eine **Ausschließlichkeitserklärung** vom Kreditnehmer fordern, wonach dieser sämtliche Zahlungsvorgänge über das Kreditinstitut vorzunehmen hat.

Als **Sicherheiten** [⇨ 183] für den Kontokorrentkredit gelten Bürgschaft [⇨ 029], Pfandrecht, Sicherungsübereignung, Zession, Hypothek und Grundschuld.

Die **Kapitalkosten** [⇨ 123], die der Kontokorrentkredit verursacht, sind relativ hoch. Sie umfassen vor allem die Sollzinsen, die etwa 4 % bis 8 % über den Geldmarktsätzen bzw. über dem Hauptrefinanzierungszinssatz der EZB liegen, die Umsatzprovision als Entgelt für die Kontoführung und Bereitstellung banktechnischer Einrichtungen und Barauslagen sowie – bei Überschreiten der Kreditlinie – die Überziehungsprovision, die normalerweise 1,5 % vom Betrag der Überziehung ausmacht.

Kostenvergleichsrechnung	*Däumler (2003); Goetze (2005); Kruschwitz (2005); Olfert/Reichel (2006a+b)*	132

Die Kostenvergleichsrechnung ist das einfachste Verfahren der **statischen Investitionsrechnung** [⇨ 112]. Sie dient dazu, Investitionsobjekte auf ihre Vorteilhaftigkeit hin zu vergleichen, indem sie die von ihnen verursachten Kosten einander gegenüberstellt. Dasjenige Investitionsobjekt ist das vorteilhaftere, das die geringeren Kosten verursacht.

Die **Erträge**, die durch die Investitionsobjekte verursacht werden, bleiben bei der Kostenvergleichsrechnung **unberücksichtigt**. Sie werden bei den Investitionsobjekten als gleich hoch angesehen, was bei Rationalisierungsinvestitionen gegeben sein kann, bei anderen Investitionen [⇨ 094] aber häufig nicht erfüllt ist. Wesentliche in den Kostenvergleich einzubeziehende **Kostenarten** sind:

- **Kapitalkosten** [⇨ 123], die sich aus den kalkulatorischen Abschreibungen und kalkulatorischen Zinsen [⇨ 200] zusammensetzen:

$$b = \frac{A - RW}{n}$$

$$Z = \frac{A + RW}{2} \cdot i$$

b	= Abschreibungen (€/Periode)	n	= Nutzungsdauer (Jahre)
A	= Anschaffungskosten (€)	Z	= Zinsen (€/Periode)
RW	= Restwert (€)	i	= Kalkulationszinssatz (%)

- **Personalkosten**, z. B. Löhne, Gehälter, Sozialleistungen
- **Materialkosten**, z. B. Fertigungsstoffe, Hilfsstoffe, Betriebsstoffe
- **Sonstige Kosten** wie Instandhaltungskosten, Raumkosten, Energiekosten, Werkzeugkosten.

Mithilfe der Kostenvergleichsrechnung lässt sich das **Auswahlproblem** [⇨ 133] und das **Ersatzproblem** [⇨ 134] lösen, nicht dagegen eine Einzelinvestition beurteilen.

Zur Lösung des Auswahlproblems mithilfe der Kostenvergleichsrechnung lassen sich zwei **Ansätze** unterscheiden:

• Ist die voraussichtlich genutzte **mengenmäßige Leistung** – nicht die Kapazität als maximal mögliche Leistung – der alternativen Investitionsobjekte **gleich**, kann der Kostenvergleich *pro Periode* oder *pro Leistungseinheit* erfolgen. Beide Vorgehensweisen führen zum gleichen Ergebnis.

Die **Grundstruktur** für die Ermittlung der Kosten *pro Periode* sieht wie folgt aus:

	Investitionsobjekt I	**Investitionsobjekt II**
Leistung Stück/Jahr	...	...
Fixe Kosten €/Jahr	...	...
Variable Kosten €/Jahr	...	...
Gesamte Kosten	...	...
Kostendifferenz I - II	...	

• Bei einer voraussichtlich in **unterschiedlicher Höhe** genutzten Leistung der alternativen Investitionsobjekte ist stets der Kostenvergleich *pro Leistungseinheit* anzuwenden.

Während beim Kostenvergleich pro Periode eine Aufteilung der Kosten in fixe und variable Kosten nicht erforderlich ist, muss diese Unterscheidung beim Kostenvergleich pro Leistungseinheit erfolgen, wenn die voraussichtlich genutzte mengenmäßige Leistung bei den alternativen Investitionsobjekten unterschiedlich hoch ist.

Beim Ersatzproblem geht es um die Frage, ob und wann es vorteilhaft ist, ein in Nutzung befindliches, technisch weiter verwendbares Investitionsobjekt durch ein neues Investitionsobjekt zu ersetzen.

Da eine Entscheidung über künftig anfallende Kosten zu treffen ist, erscheint es richtig, im Vergleich mit dem neuen Investitionsobjekt **ausschließlich** die **Betriebskosten des alten Investitionsobjektes** zu berücksichtigen, d. h. die Kapitalkosten des alten Investitionsobjektes nicht in den Vergleich einzubeziehen.

Betriebskosten des alten Investitionsobjektes	>	Betriebs- und Kapitalkosten des neuen Investitionsobjekts

Vorteilhaft erscheint der Ersatz des alten Investitionsobjekts dann, wenn die wegfallenden Betriebskosten des Altobjekts größer sind als die Kosten der Inbetriebnahme des Neuobjektes. Weist das alte Investitionsobjekt **keinen Restwert** auf, kann in der beschriebenen Weise vorgegangen werden.

Ist beim alten Investitionsobjekt jedoch ein **Restwert** zu berücksichtigen, muss eine Grenzkostenbetrachtung angestellt werden, welche die Kosten der Inbetriebhaltung des Altobjektes für ein weiteres Jahr ermittelt. Die Grenzkosten werden den periodischen Durchschnittskosten des neuen Investitionsobjektes gegenübergestellt.

Bei der Berechnung sind die durchschnittliche Verringerung des **Resterlöswertes** beim Altobjekt zu berücksichtigen sowie die Veränderung der **kalkulatorischen Zinsen** aufgrund des verringerten Resterlöswertes zu berechnen.

Die Kostenvergleichsrechnung kann als **Kostenvergleich** *pro Periode* (gleich oder unterschiedlich hohe Auslastung der Investitionsobjekte) oder als **Kostenvergleich** *pro Leistungseinheit* (unterschiedliche Auslastung der Investitionsobjekte) durchgeführt werden.

Die kritische Auslastung ist im Rahmen der Entscheidungsfindung, welches Investitionsobjekt einzusetzen ist, vor allem dann zu ermitteln, wenn es:

• Für die Auslastung der Investitionsalternativen keine gesicherten Daten gibt, also Unsicherheit über die am Markt unterzubringenden Kapazitäten herrscht.

• Für die Investitionsalternativen unterschiedliche Kostensituationen im Hinblick auf die Entwicklung von fixen und variablen Kosten festzustellen sind.

Die **kritische Auslastung** liegt bei jener Ausbringungsmenge, bei der die Kosten der alternativen Investitionsobjekte gleich hoch sind. Ihre Berechnung erfolgt über die Gleichsetzung der Kostenfunktionen der alternativen Investitionsobjekte, wobei die mengenunabhängigen Kosten pro Periode und die mengenabhängigen Kosten pro Stück zu erfassen und mit der Stückzahl zu multiplizieren sind:

• Zunächst werden die **Kostenfunktionen** zweier Investitionsobjekte erstellt:

$$K_I = K_{fixI} + k_{varI} \cdot x_{krit}$$
$$K_{II} = K_{fixII} + k_{varII} \cdot x_{krit}$$

• Sodann erfolgt die **Gleichsetzung** der Kostenfunktionen:

$$K_{fixI} + k_{varI} \cdot x_{krit} = K_{fixII} + k_{varII} \cdot x_{krit}$$

x = Produzierte Stück	k_{var} = Variable Kosten (€/Stück)	
K_{fix} = Fixe Kosten (€/Periode)	x_{krit} = Kritische Auslastung	
I, II = Investitionsobjekt I oder II	(Stück/Periode)	

Auf diese Weise lässt sich feststellen, welche Investitionsalternative bei welcher Auslastung vorzuziehen ist.

Ein Kredit ist die Überlassung von Kapital [⇨ 114] bzw. Kaufkraft gegen Entgelt (Zins) auf Zeit zwischen einem Kapitalgeber als Gläubiger und einem Kapitalnehmer als Schuldner. Der Gläubiger vertraut auf die Fähigkeit und Bereitschaft des Schuldners, seine Schuldverpflichtungen zu erfüllen.

Die Kreditwürdigkeit des Schuldners unterliegt der **Kreditwürdigkeitsprüfung** [⇨ 137]. Das Wesen eines Kredites besteht darin, dass Leistung und Gegenleistung nicht gleichzeitig erfolgen. Als **Arten** der Kredite sind zu unterscheiden nach:

Partnerart	**Privatkredite**, z. B. von Banken an private Haushalte **Unternehmenskredite**, z. B. von Banken an Industriebetriebe **Öffentliche Kredite**, z. B. an die öffentliche Hand
Fristigkeit	**Kurzfristige Kredite** (bis zu einem Jahr), z. B. Diskontkredit [⇨ 034] **Mittelfristige Kredite** (bis zu vier Jahren), z. B. Darlehen [⇨ 033] **Langfristiger Kredit** (über vier Jahre); z. B. Anleihekredit
Verwendung	**Konsumentenkredit**, z. B. für die Anschaffung von Gütern **Produzentenkredit**, z. B. zur Zahlung von Anlagen, Mitteln und Löhnen
Sicherung	**Personalkredit**, mit Vertrauen in Kreditnehmer, z. B. Kontokorrentkredit [⇨ 131] **Realkredit**, unter Absicherung durch Güter, z. B. Lombardkredit [⇨ 151]
Handelsart	**Lieferantenkredit** [⇨ 142], z. B. kurzfristiger Kredit bei einem Kaufvertrag **Kundenkredit** [⇨ 138], z. B. kurzfristiger Kredit als Anzahlung
Kreditart	**Rembourskredit** [⇨ 170], z. B. Sonderform des Akzeptkredites [⇨ 006] **Negoziationskredit** [⇨ 155], z. B. Sonderform des Diskontkredites [⇨ 034]

Als **Kreditgeschäft** wird nach § 1 des Kreditwesengesetzes (KWG) die Gewährung von Gelddarlehen und Akzeptkrediten bezeichnet.

Die Kreditwürdigkeitsprüfung dient der **Überwachung** und **Untersuchung** persönlicher und sachlicher Kriterien eines Kredit suchenden Unternehmens. Ein Kreditinstitut nimmt sie auf der Grundlage eines meist standardisierten Kreditantrages vor, um das Kreditrisiko beurteilen zu können.

Die **Prüfungsbereiche** der Kreditwürdigkeitsprüfung sind:

- Die **rechtlichen Verhältnisse** des Antragstellers, um festzustellen, ob er kreditfähig ist, insbesondere Geschäftsfähigkeit, Vertretungsbefugnis und Güterstand. Für die Kreditvergabe ist es bedeutsam, ob z. B. Eheleute im gesetzlichen Güterstand leben oder Gütertrennung vereinbart haben.

- Die **persönlichen Verhältnisse** des Antragstellers, besonders bei nicht dinglich gesicherten personenbezogenen Krediten, z. B. Zahlungsmoral, Geschäftsmoral, Zuverlässigkeit bei Vertragserfüllungen, geschäftliche bzw. berufliche Qualifikation.

- Die **wirtschaftliche Lage** des Antragstellers, z. B. die Struktur von Vermögen, Kapital [▷ 114], Aufwand und Ertrag, Liquidität [▷ 146] und die Erfolgslage. Wichtige diesbezügliche Informationen bietet der Jahresabschluss.

Weitere **Informationen** können über Auskünfte, Betriebsbesichtigungen, Informationen öffentlicher Register eingeholt werden. Diese sind z. B. Handelsregister [▷ 088], Grundbuch, Güterrechtsregister, Vereins- und Genossenschaftsregister.

Wird dem Kreditantrag stattgegeben, erfolgt eine i.d.R. befristete Kreditzusage. Mit der Übergabe der Einverständniserklärung durch den Kreditnehmer an das Kreditinstitut kommt der Kreditvertrag zu Stande. Nach der Kreditzuteilung wird in bestimmten Zeitabständen eine **Kreditüberwachung** vorgenommen, vor allem um Veränderungen in den wirtschaftlichen Verhältnissen, bei den Sicherheiten und bei der Mittelverwendung zu erkennen.

Der Kundenkredit ist ein kurzfristiger **Handelskredit**, dem eine vertragliche Vereinbarung zwischen einem Kunden als Kreditgeber und einem Lieferanten als Kreditnehmer zu Grunde liegt, der Leistungen erstellt, wobei der Kunde vor Erhalt der Leistung des Lieferanten bereits Zahlungen leistet. Vielfach wird auch von **Abnehmerkredit**, **Bestellerkredit**, **Anzahlung**, **Kundenanzahlung** oder **Vorauszahlungskredit** gesprochen.

Der Kundenkredit ist vor allem dort eine häufig genutzte Finanzierungsalternative, wo zwischen der Planung und Fertigstellung einer Leistung erhebliche Zeit – mitunter mehr als ein Jahr – liegt und die Leistung auf die speziellen Bedürfnisse eines Kunden ausgerichtet ist, z. B. im Großanlagenbau, Großmaschinenbau, Wohnungsbau, Schiffsbau. Er kann dem Lieferanten vor allem zu folgenden **Zwecken** dienen:

- Der Lieferant kann seine **Liquidität** [▷ 146] günstig beeinflussen, da sich der Abnehmer an der Deckung seines Kapitalbedarfes [▷ 115] beteiligt.

- Die Vorauszahlung bietet eine gewisse **Sicherheit** [▷ 183] dafür, dass der Abnehmer weiterhin an der **Leistung** interessiert ist und sie **abgenommen** wird.

- Die Vorauszahlung bietet eine gewisse **Sicherheit** für die **Zahlungsfähigkeit** des Abnehmers.

Die **Höhe** des Kundenkredites und der **Zeitpunkt** bzw. die Zeitpunkte seiner Zahlung werden in der Praxis unterschiedlich geregelt. Sie können z. B. von den branchenüblichen Zahlungsbedingungen, aber auch von der Marktstellung und Auftragslage des Lieferanten abhängen.

Als **Sicherheit** dient beim Kundenkredit häufig eine Bankbürgschaft. Im Übrigen können Konventionalstrafen oder Garantien vereinbart sein.

Das Leasing ist ein über einen bestimmten Zeitraum abgeschlossenes **miet- oder pachtähnliches Verhältnis** zwischen einem Leasing-Geber und einem Leasing-Nehmer. Es gehört zur langfristigen Fremdfinanzierung [⇨ 070].

Beim Leasing erwirbt der Leasing-Geber ein Leasing-Gut, das er dem Leasing-Nehmer gegen Gebühr zur Verfügung stellt, siehe Abb. Der Leasing-Nehmer nutzt das Leasing-Gut mindestens über die **Grundmietzeit** hinweg. Sie liegt beim **Finance-Leasing** meist bei 50 % bis 75 % der betriebsgewöhnlichen Nutzungsdauer. Innerhalb dieser Zeit will der Leasing-Geber die entstehenden Kosten abdecken und seinen geplanten Gewinn erzielen.

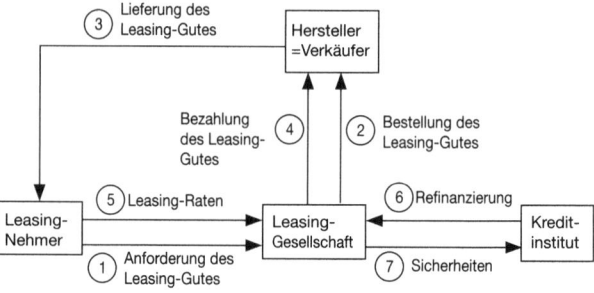

Der **Leasingvertrag** kann für die nach der Grundmietzeit liegenden Zeit keine Regelungen enthalten, eine Mietverlängerung oder einen Kauf des Leasing-Gutes durch den Leasing-Nehmer vorsehen. Die bilanzielle Zurechnung des Leasing-Gutes erfolgt je nach Art des Leasingvertrages verschieden.

Die **Kapitalkosten** [⇨ 123] sind beim Leasing relativ hoch. Der Leasing-Nehmer zahlt innerhalb der Grundmietzeit rund 125 % bis 155 % der Anschaffungskosten des Leasing-Gutes. Andererseits kann es seine Liquidität [⇨ 146] entlasten und – insbesondere bei hoher Verschuldung bzw. geringen Sicherheiten [⇨ 183] – Investitionen [⇨ 094] erst ermöglichen.

Nach der **Anzahl** der Objekte des **Leasing** [⇨ 139] gibt es:

- **Equipment-Leasing**, dem ein einzelnes Wirtschaftsgut zu Grunde liegt
- **Plant-Leasing**, das sich auf eine Gesamtheit ortsfester Wirtschaftsgüter bezieht, die auch dazu gehörende bewegliche Wirtschaftsgüter einschließt.

Nach der **Art der Leasingobjekte** können unterschieden werden:

- **Konsumgüter-Leasing**, das sich auf langlebige Konsumgüter bezieht, z. B. Fernsehgeräte
- **Investitionsgüter-Leasing**, das sich auf bewegliche und unbewegliche Güter bezieht.

Nach dem **Verpflichtungscharakter des Leasingvertrages** sind zu nennen:

- **Operate-Leasing**, das kurzfristig ist und dem Mietvertrag nahekommt. Es bezieht sich auf problemlos und vielfach nacheinander verleasbare universelle Güter.

- **Finance-Leasing**, das überwiegend langfristig ist und innerhalb einer Grundmietzeit, die 50 - 75 % der betriebsgewöhnlichen Nutzungsdauer entspricht, nicht gekündigt werden darf. Ihm können verschiedene **Leasingverträge** zu Grunde liegen:

Leasingvertrag ohne Optionsrecht	Beim ihm werden keine Vereinbarungen oder Nebenabreden für die Zeit getroffen, die sich an die Grundmietzeit anschließt. Weil dann Leistung und Gegenleistung während der Vertragszeit gleichwertig gegenüberstehen, ist dieser Vertragstyp unproblematisch.
Leasingvertrag mit Kaufoptionsrecht	Dabei hat der Leasing-Nehmer nach Ablauf der Grundmietzeit die Möglichkeit, das Leasing-Gut vom Leasing-Geber zu erwerben.
Leasingvertrag mit Mietoptionsrecht	Bei diesem Vertragstyp hat der Leasing-Nehmer nach Ablauf der Grundmietzeit die Möglichkeit, den Vertrag über die Grundmietzeit zu verlängern, wobei die Folgemiete nur noch 5 % bis 10 % der bisherigen Miete beträgt.

Der Leverage effect bewirkt, dass bei einer bestimmten Eigenkapitalrentabilität die Verzinsung des Eigenkapitals [⇨ 039] durch Aufnahme von Fremdkapital [⇨ 073] erhöht werden kann, wenn die Kosten für zusätzliches Fremdkapital niedriger als die erzielte Gesamtkapitalrentabilität sind.

Beispiel:

Gesamtkapitalrentabilität 15 %

Zinssatz für Fremdkapital 10 %

	Eigenkapital	10.000	7.000	4.000	1.000
+	Fremdkapital	0	3.000	6.000	9.000
=	**Gesamtkapital**	10.000	10.000	10.000	10.000

	Gewinn vor Fremdkapitalzinsen	1.500	1.500	1.500	1.500
−	Zinsen für Fremdkapital	0	300	600	900
=	**Reingewinn**	1.500	1.200	900	600
	Eigenkapitalrentabilität	**15,00 %**	**17,14 %**	**22,50 %**	**60,00 %**

Die Eigenkapitalrentabilität lässt sich dabei ermitteln:

$$r_e = \frac{R}{EK} \quad \text{oder} \quad r_e = r + \frac{FK}{EK}(r - r_f)$$

r_e = Eigenkapitalrentabilität	R = Reingewinn
r_f = Fremdkapitalrentabilität	EK = Eigenkapital
r = Gesamtkapitalrentabilität	FK = Fremdkapital

Den Fremdkapitaleinsatz zu maximieren, ist nicht ohne weiteres empfehlenswert, da die Eigenkapitalrentabilität sich nicht ständig vergrößern muss, sondern bei sich verschlechternden Gesamtrentabilität bzw. bei ansteigenden Fremdkapitalzinsen eine Veschlechterung erfahren kann. Dieses Risiko einer Niedrig- oder Negativverzinsung wird als **Leverage risk** bezeichnet. Eine vernünftige Eigenkapital-Fremdkapital-Relation sollte sich auch an Überlegungen zur strukturellen Liquidität [⇨ 146] und Unabhängigkeit des Unternehmens orientieren.

Der Lieferantenkredit ist ein kurzfristiger **Handelskredit**, dem ein Kaufvertrag zwischen einem Lieferanten als Kreditgeber und einem Abnehmer als Kreditnehmer zu Grunde liegt, der Waren oder Dienstleistungen unter Stundung des Kaufpreises – also auf Ziel – erhält. In vielen Fällen betragen die **Skontofristen** bis zu 14 Tagen, die **Skontosätze** zwischen 1 und 3 % sowie die **Zahlungsfristen** zwischen 10 und 40 Tagen. Mitunter werden die Skontosätze in den Zahlungsbedingungen auch gestaffelt.

Mit dem Lieferantenkredit verfolgt der Lieferant vor allem **absatzpolitische Ziele**. Er will seinen Umsatz vergrößern und den Abnehmer an sich binden, was dazu führen kann, dass es – bei einer dauerhaften Beziehung zwischen dem Lieferanten und dem Abnehmer – zu einer langfristigen Kreditgewährung kommt, da immer wieder neue Lieferantenkredite entstehen.

Die **Kapitalkosten** [⇨ 123] werden beim Lieferantenkredit ermittelt:

$$r = \frac{S}{z-s} \cdot 360$$

r = Jahresprozentsatz
s = Skontofrist
S = Skontosatz
z = Zahlungsziel

Sie sind beträchtlich, worin auch ein wesentlicher **Nachteil** des Lieferantenkredites zu sehen ist. Dazu kann noch die Abhängigkeit zum Lieferanten kommen.

Die **Vorteile** des Lieferantenkredites liegen insbesondere in seiner schnellen, bequemen und formlosen Gewährung sowie im Fehlen einer systematischen Kreditwürdigkeitsprüfung [⇨ 137] und der Entlastung der Kreditlinie bei Banken.

Als **Sicherheit** [⇨ 183] dient beim Lieferantenkredit vielfach die Vereinbarung eines Eigentumsvorbehaltes, d. h. der Lieferant behält sich das Eigentum bis zur vollständigen Bezahlung vor.

Die Liquidation ist die freiwillige oder zwangsweise **Auflösung** eines Unternehmens . Damit wird dessen Erwerbstätigkeit ein Ende gesetzt. Nach der Einleitung der Liquidation besteht der Betriebszweck nur noch in der Abwicklung. **Gründe** für eine Liquidation können sein:

- **Persönliche Gründe**, z. B. Tod des Unternehmers, Fehlen geeigneter Erben, Arbeitsunfähigkeit des Unternehmers, Ausscheiden eines Gesellschafters.

- **Sachliche Gründe**, z. B. schlechte Ertragsaussichten, Verfehlen des Unternehmenszieles, Veränderungen in der Branche. Soweit sich mithilfe des Krisenmanagements keine positiven Veränderungen bewirken lassen, kann die Liquidation unausweichlich werden.

Die freiwillige Liquidation erfolgt in mehreren **Phasen**:

1	**Beschluss der Liquidation** durch die Gesellschafter und Bestellung des Liquidators bzw. der Liquidatoren. Nach Handelsrecht sind das bei der OHG [⇨ 158], KG [⇨ 129] und GdbR [⇨ 078] die Gesellschafter, bei der GmbH [⇨ 079] der oder die Geschäftsführer und bei der AG [⇨ 004] der Vorstand.
2	**Anmeldung der Liquidation** zum Eintrag ins Handelsregister [⇨ 088] durch alle Gesellschafter (§ 148 HGB). Die Firma [⇨ 066] ist mit dem Zusatz »i. L.« (in Liquidation) zu versehen.
3	Der bestellte Liquidator erstellt nach einer Neubewertung der Vermögensteile und der Schulden die **Liquidations-Eröffnungbilanz** (§ 154 HGB). Bei industriellen Unternehmen wird die Produktion eingestellt.
4	Die Vermögensteile werden nächstmöglich verkauft und die **Forderungen** eingezogen. Aus diesen Mitteln sind die Schulden zu tilgen (§ 149 HGB).
5	Am **Ende der Liquidation** wird die **Liquidations-Schlussbilanz** erstellt. Das Erlöschen der Firma wird zur Eintragung in das Handelsregister angemeldet, ein verbleibender **Liquidationserlös** wird an die Anteilseigner verteilt.

Persönlich haftende Gesellschafter **haften** noch 5 Jahre lang ab der Eintragung des Auflösungsbeschlusses in das Handelsregister für Schulden des liquidierten Unternehmens (§ 158 Abs. 1 HGB).

Nach dem **Zweck der Liquidation** [⇨ 143] lassen sich unterscheiden:

- Die **materielle Liquidation**, bei der eine Erwerbsgesellschaft in eine Abwicklungsgesellschaft übergeht, wenn die Auflösung der Gesellschaft in das Handelsregister eingetragen wird. Diese trägt dann außer dem Namen der Firma den Zusatz »i. L.«. Nach der Einstellung der wirtschaftlichen Tätigkeit des Unternehmens erfolgt die Veräußerung des Vermögens und die Rückzahlung der Kapitaleinlagen.

- Die **formelle Liquidation**, bei der das Unternehmen zwar ebenfalls in der seitherigen Rechtsform [⇨ 169] untergeht, seine Erwerbstätigkeit aber in einer neuen Rechtsform fortsetzt, auf welche die Vermögenswerte im Einzelnen übertragen werden.

Nach dem **Umfang der Liquidation** gibt es:

- Die **Totalliquidation**, die sich auf das gesamte Vermögen des Unternehmens bezieht. Formell besteht sie im Vermögens- und Schuldenübergang auf eine neue Rechtsform des Unternehmens im Wege der Einzelrechtsnachfolge.

- Die **Teilliquidation**, die nicht das gesamte Vermögen des Unternehmens betrifft, sondern nur Teile davon. Freiwillig erfolgt sie durch Gesellschafterbeschluss, zwangsweise durch die Geltendmachung von durch Gläubiger geforderte Sicherungsrechten. In der Regel führt sie zu einer Einschränkung der wirtschaftlichen Tätigkeit des Unternehmens ohne Veränderung in seinem rechtlichen Fortbestand.

Schließlich kann die **freiwillige Liquidation** durch Beschluss der Gesellschafter und die **zwangsweise Liquidation** durch Eröffnung des Insolvenzverfahrens unterschieden werden.

Liquidationswert	*Kertesz u. a. (2005); Matschke (2000);* *Olfert/Reichel (2005 + 2008); Scherrer (2002)*	**145**

Der Liquidationswert gibt an, welcher Erlös bei der Liquidation [⇨ 143] eines Unternehmens zu erzielen wäre, wenn die vorhandenen Güter einzeln verkauft würden. Er ist die **Summe der** einzelnen **Veräußerungspreise**.

In der Praxis kann es sein, dass die Veräußerungspreise ganz erheblich unter den Buchwerten liegen. So ist z. B. eine Spezialmaschine mit einem Buchwert von 100.000 € i.d.R. nur zu einem Bruchteil ihres Wertes oder überhaupt nicht veräußerbar.

Für Verkäufer und Käufer gilt im Rahmen der Unternehmensbewertung [⇨ 190]:

- Der Liquidationswert stellt für den **potenziellen Verkäufer** normalerweise die Untergrenze des Grenzpreises dar, es sei denn, die Auflösung des Unternehmens ist aus irgendwelchen Gründen ausgeschlossen. Er zeigt den Punkt, unter den der Grenzpreis für den potenziellen Verkäufer nicht fallen kann.

  Schließlich hat der potenzielle Verkäufer des Unternehmens keinen Anlass, irgendwelchen Preisangeboten potenzieller Käufer näherzutreten, die unter diesem Betrag liegen. Somit bleibt es ihm überlassen, sein Unternehmen zu liquidieren und hierdurch den Liquidationswert zu realisieren.

- Auch für den **potenziellen Käufer** kann der Liquidationswert bedeutsam sein. Bei einer beabsichtigten Zerschlagung des Unternehmens durch den potenziellen Käufer stellt der Liquidationswert für ihn die Obergrenze des Grenzpreises dar. Sie wird er normalerweise nicht überschreiten wollen.

Ein fortzuführendes Unternehmen muss einen Liquidationswert aufweisen, der kleiner ist als der »Fortführungswert«.

Liquidität	*Drukarczyk (2003); Olfert/Reichel (2008);* *Perridon/Steiner (2006); Wöhe/Bilstein (2002)*	**146**

Die Liquidität soll die **Zahlungsfähigkeit** eines Unternehmens gewährleisten bzw. seine Zahlungsunfähigkeit abwenden, die auch als **Illiquidität** bezeichnet wird. Dementsprechend muss die Liquidität im Unternehmen stets gegeben sein. Obgleich Liquidität eigentlich entweder vorhanden ist oder nicht, wird sie dennoch vielfach **graduell abgestuft** als:

- **Optimale Liquidität**, die gewinn- oder rentabilitätsmaximale Zahlungsbereitschaft ist
- **Überliquidität**, wenn das Unternehmen über mehr Zahlungsmittel verfügt als es benötigt
- **Unterliquidität**, die durch eine eingeschränkte Zahlungsfähigkeit gekennzeichnet ist

Zur Einschätzung der Liquidität eines Unternehmens dient die **Liquiditätsanalyse**:

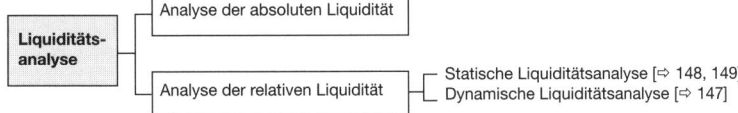

- Die **absolute Liquidität** ist die Eigenschaft von Vermögensteilen, als Zahlungsmittel verwendet oder in Zahlungsmittel umgewandelt zu werden. Danach wird einem Vermögensgegenstand um eine so höhere Liquidität zugesprochen, je rascher er sich in Zahlungsmittel umwandeln lässt. Letztlich ist diese Eigenschaft aber kein Ausdruck der Liquidität, sondern der **Liquidierbarkeit**.

- Die **relative Liquidität** beschreibt zeitpunktbezogen das Verhältnis zwischen verschiedenen Bilanzposten und hat statischen Charakter. Zeitraumbezogen ist sie – als dynamische Liquidität – die Fähigkeit eines Unternehmens, die zu einem Zeitpunkt zwingend fälligen Zahlungsverpflichtungen uneingeschränkt erfüllen zu können.

Bei der dynamischen Liquidationsanalyse werden **zeitraumbezogen** sowohl Positionen der Vermögensseite als auch der Kapitalseite der Bilanz [⇨ 022] untersucht. Sie unterscheidet sich insofern von der statischen Liquiditätsanalyse [⇨ 148, 149], die zeitpunktbezogen ist, also nur Aussagen über einen bestimmten Stichtag macht.

Verfahren der dynamischen Liquiditätsanalyse sind:

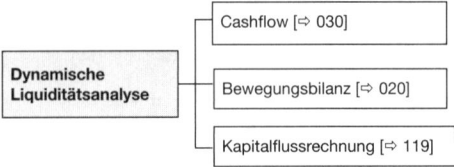

Die dynamische Liquiditätsanalyse ist eine **stromgrößenorientierte Analyse**, mit deren Hilfe festgestellt werden soll, welche Finanzmittel aus dem betrieblichen Leistungsprozess erwirtschaftet und wie diese verwendet wurden.

In einfacherer Form ist die dynamische Liquiditätsanalyse auf die Betrachtung von **Umsatzüberschussziffern** ausgerichtet, wie dies beim Cashflow [⇨ 030] der Fall ist, der als absolute Kennzahl [⇨ 127] verwendet wird oder, in Verbindung mit anderen Kennzahlen, z. B. den Nettoinvestitionen oder der Nettoverschuldung, als relative Kennzahl.

Eine Verfeinerung der dynamischen Liquidationsanalyse ist durch die Erstellung bzw. Betrachtung der **Bewegungsbilanz** und der **Kapitalflussrechnung** möglich.

Im Rahmen der statischen Liquiditätsanalyse werden Positionen der Vermögensseite und der Kapitalseite der Bilanz [⇨ 022] **zeitpunktbezogen** gegenübergestellt. Sie kann kurzfristig oder langfristig [⇨ 149] erfolgen. Der kurzfristigen statischen Liquiditätsanalyse dienen **Liquiditätsgrade**:

Barliquidität	Liquidität 1. Grades	$=\dfrac{\text{Zahlungsmittel}}{\text{Kurzfristige Verbindlichkeiten}}$
Liquidität auf kurze Sicht	Liquidität 2. Grades	$=\dfrac{\text{Zahlungsmittel} + \text{kurzfristige Forderungen}}{\text{Kurzfristige Verbindlichkeiten}}$
Liquidität auf mittlere Sicht	Liquidität 3. Grades	$=\dfrac{\text{Zahlungsmittel} + \text{kurzfristige Forderungen} + \text{Vorräte}}{\text{Kurzfristige Verbindlichkeiten}}$

Zahlungsmittel umfassen die Positionen Kasse, Bundesbank-, Postbankguthaben, Guthaben bei Kreditinstituten, diskontfähige Wechsel [⇨ 192], Schecks [⇨ 178], ggf. auch Wertpapiere des Umlaufvermögens [⇨ 188].

Kurzfristige Verbindlichkeiten sind Verbindlichkeiten aus Warenlieferungen und Leistungen, Schuldwechsel, Schulden bei Kreditinstituten, erhaltene Anzahlungen, Dividenden, wenn sie innerhalb von 3 Monaten fällig werden.

Kurzfristige Forderungen sind Forderungen, die innerhalb von 3 Monaten fällig werden. Es können auch Wertpapiere und aktive Rechnungsabgrenzungsposten dazugerechnet werden.

Vorräte sind Bestände an Roh-, Hilfs- und Betriebsstoffen, unfertigen, fertigen Erzeugnissen und Waren sowie geleistete Anzahlungen.

Die **Liquiditätsgrade** sind eng mit der Bilanz verknüpft. Die Liquidität eines Unternehmens ist aus den einzelnen aktiven und passiven Bilanzposten allein nicht ohne weiteres zu entnehmen. Die Bilanz lässt nicht alle Zahlungsverpflichtungen erkennen, sie enthält nur die bereits gebuchten Größen und sagt nichts über die sonstigen Aus- und Einzahlungen für den Produktionsprozess aus. Die Angaben zu den **sonstigen finanziellen Verpflichtungen** im Anhang des Jahresabschlusses der Kapitalgesellschaften [⇨ 120] sind zu beachten.

Bei der statischen Liquiditätsanalyse werden Positionen der Vermögensseite und der Kapitalseite der Bilanz [⇨ 022] **zeitpunktbezogen** gegenübergestellt. Sie kann kurzfristig [⇨ 148] oder langfristig ausgerichtet sein. Zur langfristigen statischen Liquiditätsanalyse dienen **Deckungsgrade**:

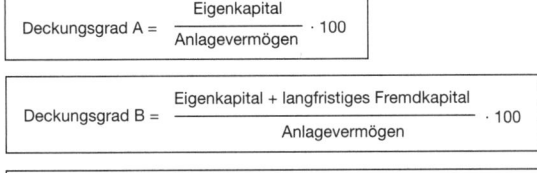

$$\text{Deckungsgrad A} = \frac{\text{Eigenkapital}}{\text{Anlagevermögen}} \cdot 100$$

$$\text{Deckungsgrad B} = \frac{\text{Eigenkapital} + \text{langfristiges Fremdkapital}}{\text{Anlagevermögen}} \cdot 100$$

$$\text{Deckungsgrad C} = \frac{\text{Eigenkapital} + \text{langfristiges Fremdkapital}}{\text{Anlagevermögen} + \text{langfristig gebundenes Umlaufvermögen}} \cdot 100$$

Wie bei der Finanzierungsanalyse gibt es auch im Rahmen der Liquiditätsanalyse Überlegungen, welches Verhältnis zwischen den einzelnen Werten als günstig anzusehen wäre. Sie finden in den **horizontalen Finanzierungsregeln** [⇨ 058] ihren Niederschlag, deren Beachtung jedoch nicht gewährleisten können, den Bestand des Unternehmens zu sichern. Zu unterscheiden sind:

- Goldene Bilanzregel i.e.S.
- Goldene Bilanzregel i.w.S.
- Goldene Finanzierungsregeln.

Eine weitere Möglichkeit der langfristigen statischen Liquiditätsanalyse ist die Untersuchung des **Working Capital** [⇨ 193].

Eine Liquiditätsreserve wird von einem Unternehmen gehalten, um der Ungewissheit in der Entwicklung der Zahlungsströme angemessen zu begegnen. Sie kann auf zweifache Weise gebildet werden:

- **Indirekt** durch den vorsichtigen Ansatz der Planwerte, wodurch Sicherheitsspannen im Finanzplan [⇨ 061] gebildet werden. Dabei werden die Einzahlungen eher etwas niedriger, und/oder die Auszahlungen eher etwas höher angesetzt als es zu erwarten ist. **Nachteilig** ist, dass die Aussagefähigkeit des Finanzplanes dadurch eingeschränkt wird.

- **Direkt** erfolgt die Bildung einer Liquiditätsreserve durch das Vorhalten von Zahlungskraft zur Abwehr möglicher Zahlungsengpässe. Sie kann eine Reserve an Zahlungskraft, Vermögen oder Finanzierung sein (Abb.).

Anhaltspunkte für die **Festsetzung der Höhe** der Liquiditätsreserve erhält man aus Erfahrungswerten.

Einerseits erscheint es aus Sicherheitsgründen vorteilhaft, eine möglichst hohe Liquiditätsreserve zu halten. Andererseits vermindert eine große Liquiditätsreserve die Rentabilität [⇨ 171] des im Unternehmen gebundenen Kapitals [⇨ 114]. Deshalb sollte sie nicht höher sein als unbedingt erforderlich.

Zahlungskraft-reserve	• Kassenbestände • Bankguthaben • Bestände an Wechseln [⇨ 192] und Schecks [⇨ 178] • Zugesagte, aber nicht in Anspruch genommene Kreditlinien
Vermögens-reserve	• Diskontierbare Wechsel • Lombardfähige Wertpapiere • Andere Gegenstände des Finanzanlagevermögens • Reale Vermögensgegenstände
Finanzierungs-reserve	• Bereits zugesagte, aber noch nicht bereitgestellte Kredite [⇨ 136] • Erwartete Kredite • Kurzfristig mögliche Eigenkapitalzuführung

Lombardkredit	Däumler (2002); Jahrmann (2007); Olfert/Reichel (2008); Wöhe/Bilstein (2002)	151

Der Lombardkredit ist ein **Geldkredit** im Rahmen der kurzfristigen Fremdfinanzierung [➪ 071]. Er wird einem Kreditnehmer von einem Kreditinstitut gegen die Verpfändung von Wertpapieren, Waren, Wechseln, Forderungen oder Edelmetallen gewährt, wobei die verpfändeten Güter nicht in dervollen Höhe ihres Wertes beliehen werden. Als Rechtsgrundlagen gelten §§ 1204 bis 1296 BGB.

Vom **Kontokorrentkredit** [➪ 131] unterscheidet sich der Lombardkredit vor allem dadurch, dass er zu einem festen Termin in voller Höhe bereitgestellt bzw. zurückgezahlt wird. Er weist damit nicht die Flexibilität des Kontokorrentkredites auf, wird aber häufig in Anspruch genommen, wenn die Kreditlinie beim Kontokorrentkredit erschöpft ist.

Das Kreditinstitut knüpft bei der Gewährung des Lombardkredits an die zu verpfändenden Güter **besondere Erwartungen**. Sie sollten wertbeständig, schnell liquidierbar und einfach zu bewerten sein. Damit kommen nicht alle **Güter** gleichermaßen für eine Verpfändung in Betracht:

- Die **Verpfändung von Wertpapieren** steht im Vordergrund, zumal das Kreditinstitut sie vielfach bereits verwahrt, sodass sich eine Übergabe erübrigt. Da sie meist börsenmäßig gehandelt werden, ist ihr Wert leicht feststellbar. Sie werden zwischen 50 % und 80 % beliehen.

- Die **Verpfändung von Waren** gestaltet sich schwieriger. Sie müssen haltbar und marktfähig sein. Die Ermittlung ihres Wertes ist mitunter nicht ohne Probleme. Ihre Lagerung erfolgt meist in einem Lagerhaus, der Lagerschein wird dem Kreditinstitut übergeben. Die Beleihungsgrenze liegt um 50 %, kaum jedoch über 65 %.

Die **Kapitalkosten** [➪ 123] orientieren sich am Hauptrefinanzierungszinssatz der Europäischen Zentralbank. Weitere Kosten sind für die Bewertung, Verwahrung und Verwaltung der verpfändeten Güter möglich. Sie bewegen sich in der Nähe der Kosten für den Kontokorrentkredit.

Mezzanine	Busse (2003); Häger/Elkemann-Rausch (2004); Leopold u.a. (2003); Olfert/Reichel (2008)	152

Mezzanine nehmen eine Zwitterstellung zwischen Eigenkapital [➪ 039] und Fremdkapital [➪ 073] ein. Nach den Quellen des Kapitals bzw. der Nutzung des Kapitalmarktes sind zu unterscheiden:

- **Nicht kapitalmarktfähige Mezzanine** als privat finanzierte Mezzanine (Private Mezzanine), bei denen nicht bzw. nicht direkt auf den Kapitalmarkt zurückgegriffen wird. Es wird der **Kreditmarkt** genutzt, Kapitalgeber sind Banken, Private-Equity-Gesellschaften, nicht-institutionelle Kapitalgeber. Dabei gibt es:

Nachrang-darlehen	Das sind unbesicherte, gewöhnlicherweise endfällige Darlehen [➪ 033] von Banken. Sie zeichnen sich durch die Nachrangvereinbarung und eingeschränkte Kündigungsrechte aus.
Stille Beteiligung	Die Beteilung an der Stillen Gesellschaft [➪ 184] kann Eigenkapital ähnlich (atypische Stille Gesellschaft) oder Fremdkapital ähnlich (typische Stille Gesellschaft) sein.
Genuss-rechte	Nicht börsengehandelte Genussrechte stellen je nach Ausführung gewinnabhängige Beteiligungsrechte oder mit einem Festzins versehene Gläubigerrechte dar.
	In der Praxis sind **vinkulierte Namensgenussrechte** (Käufer dem Unternehmen bekannt, begrenzte Übertragungsmöglichkeiten) verbreitet. Außerdem bieten **Genussscheinfonds** für mittelständige Unternehmen guter Bonität eine Finanzierung über Genussscheine.

- **Kapitalmarktfähige Mezzanine** zeichnen sich dadurch aus, dass sie auf den Kapitalmarkt zurückgreifen. Zu ihnen zählen:

Wandel- [➪ 191] und Optionsanleihen [➪ 159]	Sie verbriefen das Recht auf den Wandel von Fremdkapital in Eigenkapital durch Umtausch bzw. Bezugsrecht.
Börsengehandelte genussscheine	Sie können dem Eigenkapital ähnlich sein, z. B. aufgrund der Gewinnbeteiligung, erlangen aber niemals Eigenkapitalcharakter.
Vorzugsaktien	Stimmrechtslosen Vorzugsaktien wird das Stimmrecht vorenthalten.

Mittelwert-Verfahren	*Jung (2006a); Matschke (2000); Olfert (2006a + 2008a); Olfert/Reichel (2005 + 2008)*	**153**

Das Mittelwert-Verfahren ist eine Methode, die im Rahmen der **Unternehmensbewertung** [⇨ 190] verwendet wird. Bei ihr wird der **Ertragswert** [⇨ 044] in Form des Zukunftserfolgswertes als der richtige Wert angesehen. Er ist aber von erheblicher Ungewissheit geprägt, insbesondere im Hinblick auf eventuelle Konkurrenz, die wegen günstiger Gewinnmöglichkeiten aufkommen kann.

Dieser latenten Konkurrenzgefahr wird im Mittelwert-Verfahren dadurch Rechnung getragen, dass aus dem Zukunftserfolgswert und dem Teilreproduktionswert das **arithmetische Mittel** gebildet wird:

$$U = \frac{EW + RW}{2}$$

U = Unternehmenswert (€)
EW = Ertragswert als Zukunftserfolgswert (€)
RW = (Teil-) Reproduktionswert (€)

Beispiel: Der Zukunftserfolgswert eines zu beurteilenden Unternehmens beträgt 300.000 €, sein Teilproduktionswert 200.000 €. Als Verkaufspreis werden 320.000 € genannt. Ob die Investition vorteilhaft ist, zeigt folgende Berechnung:

$$U = \frac{EW + RW}{2} = \frac{300.000 + 200.000}{2} = \mathbf{250.000\ €}$$

Wie das Ergebnis zeigt, erscheint die Investition nicht vorteilhaft.

Die Notwendigkeit der gleichgewichtigen Einbeziehung des Ertragswertes und Teilreproduktionswertes in die Berechnung des **Unternehmenswertes** lässt sich damit begründen, dass der Preis eines Gutes durch den aus dem Gut zu ziehenden Nutzen und die für die Herstellung dieses Gutes erforderlichen Erzeugungskosten bestimmt wird.

Ein Halbieren beider Werte wird vielfach aber als zu schematisch abgelehnt und stattdessen die Berücksichtigung der Besonderheiten des Einzelfalles durch spezielle Gewichtung beider Faktoren gefordert.

Multiplikator-Verfahren	*Becker/Peppmeier (2008); Betsch/Groh/Lohmann (1998); Olfert/Reichel (2006); Peemöller (2001)*	**154**

Multiplikator-Verfahren werden zur Unternehmensbewertung [⇨ 190] in der Praxis wegen ihrer Unkompliziertheit und Schnelligkeit gerne genutzt. Als Multiplikatoren dienen daher vielfältige Ergebnisgrößen, die aus der Vergangenheit stammen oder für die Zukunft prognostiziert sind. Es gibt:

- Den **umsatzbezogene Unternehmenswert** als Bruchteil oder Vielfaches des Umsatzes. Seine Feststellung setzt die Kenntnis von Erfahrungswerten der jeweiligen Branche voraus. Er kann errechnet werden:

$$Unternehmenswert = Umsatz\ (€) \cdot Wert\ pro\ Umsatz\text{-}Euro\ (€)$$

- Die **Kurs-Gewinn-Verhältnis-Methode**, bei welcher der Unternehmenswert auf der Basis eines nachhaltig erzielbaren, zukünftigen Ergebnisses nach Steuern und des Kurs-Gewinn-Verhältnisses (PER) berechnet werden, die miteinander multipliziert werden.

- Die **Interfinanz-Methode**, bei welcher der Unternehmenswert auf der Basis bereinigter und gewichteter Gewinne der letzten 5 Jahre errechnet wird, die mit einem Multiplikator zwischen 4 und 8 multipliziert werden, dessen Höhe vom Standort, Management, Branche usw. abhängt.

$$Unternehmenswert = \frac{Bereinigter,\ gewichteter}{Durchschnittsgewinn} \cdot Multiplikator$$

- Die **EBDIT-Methode**, bei welcher der Unternehmenswert über das nachhaltig erzielbare Ergebnis vor AfA-Größen, Steuern und Fremdkapitalzinsen errechnet wird, das mit einem Multiplikator zwischen 3 und 8 indirekt verzinst wird:

$$Multiplikator = \frac{Börsenwert\ des\ Unternehmens}{EBDIT}$$

Zur Ermittlung des Unternehmenswertes ist abschließend das im Unternehmen befindliche Fremdkapital in Abzug zu bringen.

Negoziationskredit	*Becker (2002a); Häberle (2002); Jahrmann (2007); Olfert/Reichel (2005 + 2008)*	**155**

Der Negoziationskredit ist als kurzfristiger Außenhandelskredit [⇨ 015] eine Sonderform des Diskontkredites [⇨ 034]. Er wird auch **Negoziierungskredit** genannt. Dabei kauft ein Kreditinstitut des Exporteurs eine auf den Importeur gezogene und von den zugehörigen Dokumenten begleitete Tratte an, also einen gezogenen Wechsel [⇨ 192], der noch nicht akzeptiert ist. International haben sich zwei **Formen** des Negoziationskredites entwickelt:

- Bei der »**authority to purchase**« erklärt sich die Bank des Importeurs bereit, gegen Übergabe der Dokumente die vom Exporteur auf den Importeur gezogene Tratte anzukaufen bzw. zu bevorschussen. Die Importbank gibt diese Zusage an die Bank des Exporteurs mit der Bitte weiter, bei Vorlage entsprechender Dokumente seitens des Exporteurs die Tratte in voller Höhe oder zum Teil zu bevorschussen und die Dokumente an die Importbank zu übersenden. Die authority to purchase kann widerruflich oder unwiderruflich sein. Sie wird vor allem im Handel mit dem Fernen Osten genutzt.

- Bei der »**order to negotiate**« wird eine Tratte vom Exporteur auf eine von der Importbank bezeichnete Korrespondenzbank im Lande des Exporteurs gezogen. Gegen Vorlage der Dokumente wird die Tratte dann von der Korrespondenzbank entweder sofort diskontiert oder zunächst nur akzeptiert.

Heute kann sich ein Negoziationskredit auf den Ankauf von **Außenhandelsdokumenten** mit oder ohne Tratte und unabhängig von der Zahlungsbedingung [⇨ 194] beziehen. Er bringt dem Exporteur den Vorteil, nicht nur Tratten ziehen zu dürfen und auf den Zahlungseingang zu warten, sondern gleich die dokumentäre Tratte verkaufen zu können, unter Abzug einer Negoziierungsprovision für die Bank. Die banktechnische Abwicklung von Negoziationskredit und Rebourskredit [⇨ 170] gleicht sich in der Praxis immer mehr an. Gegenüber dem **Rembourskredit** hat der Negoziationskredit den Vorteil, dass die zu leistende Zahlung eine Beschleunigung erfährt.

Nutzwertrechnung	*Ehrmann (2007a); Kruschwitz (2005); Luger (2003); Olfert/Reichel (2008)*	**156**

Mithilfe der Nutzwertrechnung wird der Nutzwert für Investitionsobjekte festgestellt. Sie wird auch **Nutzwertanalyse** genannt. Der Nutzwert ist der zahlenmäßigen Ausdruck für den subjektiven Wert einer Investition [⇨ 094] im Hinblick auf das Erreichen vorgegebener Ziele. Er kann im Gegensatz zu den traditionellen statischen oder dynamischen Investitionsrechnungen [⇨ 112, 111] qualitativer Natur sein und sich beziehen auf:

- **Wirtschaftliche Bewertungskriterien**, z. B. absatz-, personal- bzw. produktionsbezogene Kriterien. z. B. Spezialisierungsgrad, Automationsgrad, Kapazitätsreserve
- **Technische Bewertungskriterien**, z. B. betriebsmittelbezogene, arbeitsphysiologische Kriterien
- **Soziale Bewertungskriterien**, z. B. Monotonie, Stress, Interesse, Zufriedenheit mit der Arbeit
- **Rechtliche Bewertungskriterien**, z. B. Vorschriften, Patente, Lizenzen, Gesetze.

Der Nutzwert, der sich für die **alternativen Investitionsobjekte** ergibt, ermöglicht es, diese in eine Rangordnung zu bringen. Ein Investitionsobjekt ist umso positiver zu beurteilen, je höher sein Nutzwert liegt. Das Investitionsobjekt mit dem höchsten Nutzen kommt auf den ersten Rang, das Objekt mit dem geringsten Nutzen erhält den letzten Platz. Die Nutzwertrechnung erfolgt in mehreren **Stufen**:

Um den Nutzen der einzelnen Bewertungskriterien und insgesamt der Investitionsobjekte beurteilen zu können, müssen **Maßstäbe** festgelegt werden.

Sie können auf verschiedenen **Skalierungen** [⇨ 157] beruhen.

1	Festlegung der Zielkriterien.
2	Gewichtung der Zielkriterien mit Gewichtungsfaktoren.
3	Bestimmung der Teilnutzen jeder Alternative.
4	Ermittlung des Nutzwertes, z. B. durch Addition der Teilnutzen.
5	Entscheidung für die Alternative mit dem höchsten Nutzwert.

Die Nutzen der Investitionsobjekte im Rahmen der Nutzwertrechnung [⇨ 156] können mithilfe unterschiedlicher Skalierungen gemessen werden:

- Die **nominale Skalierung** ermöglicht die einfachste Form der Nutzenmessung. Sie beschreibt eine Nutzengleichheit oder Nutzenverschiedenheit der einzelnen Bewertungskriterien, ohne dass die Richtung der Nutzenunterschiede erkennbar wird, z. B. als Gut/schlecht – oder als Ja/nein-Entscheidung. Diese Skalierungsart wird oft im Rahmen des **Screening**, der groben Vorauswahl alternativer Investitionsobjekte, verwendet.

- Die **ordinale Skalierung** ist anspruchsvoller, aber dennoch gut handhabbar. Mit ihrer Hilfe lässt sich die Richtung von Nutzenunterschieden erkennen. Diese wird aufgezeigt, indem geschätzt wird, ob einem bestimmten Bewertungskriterium bei den einzelnen Investitionsobjekten ein größerer oder kleinerer Nutzen zuzusprechen ist. Damit ergeben sich – je nach dem einzelnen Bewertungskriterium – Rangordnungen der alternativen Investitionsobjekte.

- Die **kardinale** Skalierung ist als Intervall- oder Verhältnisskalierung möglich:

  ▶ In der Praxis wird vor allem die **direkte Intervallskalierung** genutzt, bei der bestimmte Intervalle von Punkten (z. B. sehr hoch = 5 Punkte, sehr niedrig = 1 Punkt) im Sinne von Zensuren verwendet werden, z. B. bei Scoring-Modellen. Die **indirekte Intervallskalierung**, bei er aus Urteilen über die Bewertungskriterien eine Rangreihe gebildet wird, ist in der Praxis weniger bedeutsam.

  ▶ Die **Verhältnisskalierung** ist zwar das genaueste, aber auch am schwierigsten zu handhabende Verfahren der Nutzenmessung. Hier wird die Wertfunktion entweder geschätzt oder mathematisch exakt ermittelt.

Die Aussagekraft einer Nutzwertmessung verstärkt sich durch die **Gewichtung** der einzelnen Kriterien.

Die Offene Handelsgesellschaft (OHG) ist der **Betrieb eines Handelsgewerbes** unter gemeinschaftlicher Firma [⇨ 066] durch zwei oder mehr Personen, die unbeschränkt haften (§§ 105-160 HGB).

Für die **Gründung** [⇨ 086] sind mindestens zwei Gesellschafter erforderlich, die einen Gesellschaftsvertrag abschließen. Die **Firma** der OHG kann eine Personen-, Sach-, Fantasie- oder Mischfirma sein. Außerdem muss sie die Bezeichnung Offene Handelsgesellschaft oder OHG enthalten. Sie wird in das Handelsregister [⇨ 088] eingetragen. Die **Auflösung** kann durch Beschluss der Gesellschafter, Zeitablauf, Tod eines Gesellschafters, Kündigung durch einen Gesellschafter bzw. durch Insolvenz über das Vermögen der Gesellschafter erfolgen. Die Gesellschafter haben:

- **Rechte**, die sich auf die Geschäftsführung, auf Informationen über die Geschäftslage, auf Möglichkeiten zum Widerspruch, auf die Vertretung (nach außen), nach HGB auf 4 % der Einlage vom jährlichen Reingewinn (Rest wird nach Köpfen verteilt), auf Privatentnahmen, auf Liquidationserlös und auf die Kündigung (6 Monate Kündigungsfrist) beziehen.

- **Pflichten**, welche die Zahlung der Kapitaleinlage, die solidarische, unbeschränkte, unmittelbare, rückbezogene und abgangsbezogene Haftung, die Teilhabe an den Verlusten (nach Köpfen verteilt und vom Kapitalanteil abgezogen), die Beachtung eines Wettbewerbsverbotes umfassen.

Ohne Einwilligung der anderen darf ein Gesellschafter keine Geschäfte auf eigene Rechnung tätigen und sich auch nicht an anderen, gleichartigen Gesellschaften beteiligen.

Die **Kapitalkosten** [⇨ 123] der Offenen Handelsgesellschaft umfassen die Kosten des Registergerichts, Gewinnausschüttungen, Einkommensteuer und Gewerbesteuer.

Optionsanleihe	Becker (2002a); Büschgen (2006); Grill/ Perczynski (2002); Olfert/Reichel (2008)	**159**

Die Optionsanleihe ist eine besondere Art der Industrieobligation [⇨ 089]. Sie wird auch als **Optionsobligation**, **Optionsschuldverschreibung**, **Bezugsrechtsobligation**, **Bond warrant** oder **Stock warrant** bezeichnet. Mit der Wandelschuldverschreibung [⇨ 191] hat die Optionsanleihe gemein, dass sie neben den Rechten aus der Teilschuldverschreibung ein **Bezugsrecht** [⇨ 021] auf Aktien [⇨ 001] verbrieft. Im Gegensatz zu ihr erfolgt aber kein Umtausch des Papiers in Aktien, sondern es bleibt bis zu seiner Tilgung neben den Aktien bestehen, die aufgrund des in ihm enthaltenen Bezugsrechtes ausgegeben wurden.

Das Kernstück einer Optionsanleihe ist der **Optionsschein** (warrant), dessen Inhaber die Aktie zu einem festen Bezugskurs erwerben kann. Bei steigendem Aktienkurs steigt auch der Wert des Optionsscheines. Wegen des niedrigen Kapitaleinsatzes geschieht das überproportional. Dies führt an der Börse dazu, dass der Kurs des Optionsscheines zusammen mit dem Bezugskurs den Kurs der Aktie übersteigt. Bei zunehmendem Kursniveau verringert sich dieser Mehrpreis allerdings, weil die Chance geringer eingeschätzt wird, weitere Kursgewinne zu erzielen.

Die **Ausgabe** einer Optionsanleihe bedarf eines Emissionsbeschlusses der Hauptversammlung. Dabei ist eine Drei-Viertel-Mehrheit erforderlich. Aus einer Optionsanleihe ergeben sich drei **Börsennotierungen**:

• Kurs für die Anleihe **mit** Optionsschein (Optionsanleihe »cam«)
• Kurs für die Anleihe **ohne** Optionsschein (Optionsanleihe »ex«)
• Kurs für **abgetrennte** Optionsscheine.

Mit der Optionsanleihe bleibt das **Fremdkapital** [⇨ 073] bis zum Ende der Laufzeit der Obligation bestehen, daneben wird **Eigenkapital** [⇨ 039] durch die Ausgabe neuer Aktien geschaffen. In Deutschland hat die Optionsanleihe keine große Bedeutung.

Personalsicherheit	Gruel (2002); Olfert/Reichel (2003 + 2004); Perridon/Steiner (2003)	**160**

Die Personalsicherheit ist eine Sicherheit [⇨ 183], bei der neben dem Kreditnehmer eine dritte Person für die Verbindlichkeiten des Kreditnehmers haftet.

Arten von Personalsicherheiten sind:

• Die **Bürgschaft** [⇨ 029], die ein Vertrag zwischen dem Bürgen und dem Gläubiger eines Dritten ist, in dem sich der Bürge dem Gläubiger gegenüber verpflichtet, für die Erfüllung der Verbindlichkeiten des Dritten einzustehen.

• Die **Garantie** als ein einseitig verpflichtender Schuldvertrag, in dem sich der Garantiegeber dem Garantienehmer gegenüber verpflichtet, für den Eintritt eines Erfolges oder das Ausbleiben eines Misserfolges Gewähr zu leisten. Sie hat im Außenhandel und bei öffentlichen Ausschreibungen besondere Bedeutung.

• Der **Kreditauftrag**, bei dem ein möglicher Kreditgeber von einer Person beauftragt wird, einem Dritten im eigenen Namen und auf eigene Rechnung Kredit [⇨ 136] zu gewähren (§ 778 BGB). Dabei entstehen zwei **Ansprüche**:

  ▸ Der **Anspruch** des Kreditgebers **gegenüber dem Kreditnehmer** auf Rückzahlung des Kredits.
  ▸ Der **Anspruch** des Kreditgebers **gegenüber dem Auftraggeber** als Bürgen.

• Der **Schuldbeitritt**, der ein Vertrag ist, wonach einem Kreditnehmer eine weitere Person beitritt und gesamtschuldnerisch die Haftung für einen Kreditbetrag übernimmt. Er muss die Zustimmung durch den Kreditgeber finden. Während ein Bürge erst *nach* dem Schuldner in Anspruch genommen wird, haftet der Beitretende *mit* dem Schuldner.

Die Personengesellschaft ist ein Unternehmen, das **keine Rechtsfähigkeit** besitzt und dessen Gesellschafter in der Mehrzahl der Fälle natürliche Personen sind. Sie hat mindestens zwei Gesellschafter. **Rechtsformen** [⇨ 169] sind:

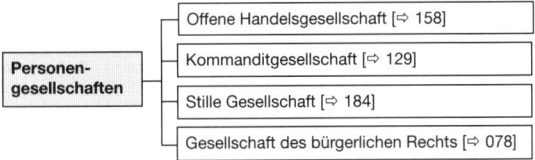

Während die OHG und die KG als **Handelsgesellschaften** bezeichnet werden, stellen die stille Gesellschaft und die GdbR **unvollkommene Gesellschaften** dar.

Bei den Personengesellschaften steht die persönliche Beziehung der Gesellschafter zueinander überwiegend im Vordergrund. Entsprechend sind die Geschäftsanteile der Gesellschafter nicht oder nur schwer übertragbar. Die rechtlichen Vorschriften zu den Handelsgesellschaften und zur Stillen Gesellschaft finden sich im Handelsgesetzbuch (HGB), zur GdbR im BGB. Sie sind weitgehend dispositiver Art, womit eine umfassende, der persönlichen Situation der Gesellschafter gerecht werdende Gestaltung der Gesellschaftsverträge ermöglicht wird.

Seit 1995 gibt es als Personengesellschaft die **Partnerschaftsgesellschaft**. Sie ist eine Gesellschaft, in der sich Angehörige Freier Berufe zur Ausübung ihrer Berufe zusammenschließen, z. B. Ärzte, Steuerberater, Rechtsanwälte. Die Partnergesellschaft übt kein Handelsgewerbe aus. Angehörige einer Partnerschaft können nur natürliche Personen sein (§ 1 Abs. 1 PartGG).

Private-Equity als privates Eigenkapital bzw. privates Beteiligungskapital wird begrifflich unterschiedlich gefasst, hat aber als Gemeinsamkeit, dass mit ihm weitergehende Möglichkeiten zur **Eigenkapitalfinanzierung nicht börsennotierter Unternehmen** charakterisiert werden. Dabei sind zu unterscheiden:

- **Venture Capital** als Wagniskapital, das i. d. R. für eine bestimmte Zeit im Unternehmen verbleibt, hohe Risiken trägt und dementsprechende Gewinnerwartungen hat. Es kann in verschiedenen **Phasen des Unternehmenszyklus** bereitgestellt werden. So gibt es:

Early-Stage-Financing	Dabei handelt es sich um eine Finanzierungshilfe in frühen Phasen des Unternehmenszyklus als Seed-Financing, Start-Up-Financing, First-Stage-Financing.
Expansion-Stage-Financing	Die Finanzierungshilfe erfolgt in Phasen der Unternehmenserweiterung. Sie erfolgt als Second-Stage-Financing, Third-Stage-Financing, Fourth-Stage-Financing.

- **Buy-Outs**, die Käufe ganzer Unternehmen oder von wesentlichen Unternehmensteilen darstellen. Sie können durch das **eigene Management** oder ein **externes Management** geschehen. Zu nennen sind:

Management-Buy-Out (MBO)	Manager des eigenen Unternehmens erwerben wesentliche Geschäftsanteile an diesem Unternehmen.
Management-Buy-In (MBI)	Manager eines fremden Unternehmens übernehmen wesentliche Geschäftsanteile an einem Unternehmen.
Belegschafts-Buy-Out (BBO)	Dabei werden mehrheitliche oder ganze Anteile am Unternehmen auf eine Vielzahl von Mitarbeiter übertragen.
Owner-Buy-Out	Es werden Teile des Unternehmens an eine Erwerbsgesellschaft verkauft, an der es teilweise oder ganz beteiligt ist.

- **Mezzanine**, die eine Zwitterstellung zwischen Eigenkapital [⇨ 073] und Fremdkapital [⇨ 152] einnehmen, siehe [⇨ 152].

Der finanzwirtschaftliche Prozess bezieht sich auf die aus der Leistungsverwertung freigesetzten Einzahlungen und die für die Leistungserstellung notwendigen Auszahlungen. Er ist ein **Geschäftsprozess** und steht in Beziehung zum güterwirtschaftlichen Prozess [⇨ 164].

Während der güterwirtschaftliche Prozess vom **Beschaffungsmarkt** ausgeht und bis zum **Absatzmarkt** reicht, fließen die Finanzmittel der Kunden über den Absatzmarkt zum Beschaffungsmarkt.

Im Rahmen des finanzwirtschaftlichen Prozesses sind zu unterscheiden:

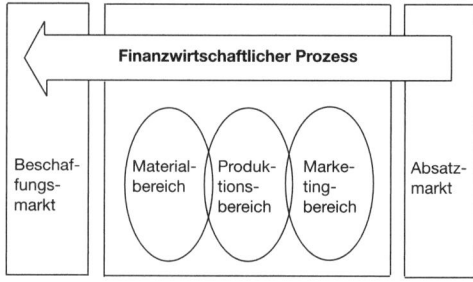

- Die **Kapitalbeschaffung** oder **Finanzierung** [⇨ 048], die zur Aufgabe hat, das Unternehmen mit dem erforderlichen Kapital [⇨ 114] zu versorgen.

- Die **Kapitalverwendung** oder **Investition** [⇨ 094], die dazu dient, das beschaffte Kapital im Unternehmen zweckentsprechend einzusetzen.

- Die **Kapitalverwaltung**, welche die dispositive Abwicklung der Einzahlungen und Auszahlungen ermöglicht, die im Rahmen des **Zahlungsverkehrs** [⇨ 195] erfolgt.

Kapitalbeschaffung, Kapitalverwendung und Kapitalverwaltung sind nicht nur **Funktionen** der Finanzwirtschaft, sie müssen auch geplant, gesteuert und kontrolliert werden. Das obliegt der **finanzwirtschaftlichen Führung** als Finanzmanagement bzw. dem **Finanzcontrolling**.

Der güterwirtschaftliche Prozess umfasst die Beschaffung der Produktionsfaktoren, die Be- und Verarbeitung der Werkstoffe und den Absatz der erstellten Produkte. Er ist als **Geschäftsprozess** ein Kernprozess der Leistungserstellung und Leistungsverwertung, der sich im industriellen Unternehmen erstreckt auf:

- Den **Materialbereich**, der den Bedarf an Materialien ermittelt, die benötigten Materialien beschafft, lagert, verteilt und entsorgt, z. B. Roh-, Hilfs-, Betriebsstoffe, Zulieferteile und Waren.

- Den **Produktionsbereich**, der unter Einsatz der erforderlichen Arbeitskräfte und Betriebsmittel für die Be- und Verarbeitung der Werkstoffe zuständig ist.

- Den **Marketingbereich**, dem die Aufgabe zukommt, die gefertigten Produkte bzw. Dienstleistungen unter Einsatz der marketingpolitischen Instrumente an den Kunden abzusetzen, d. h. die erstellten Leistungen zu verwerten.

Der Materialbereich, Produktionsbereich und Marketingbereich handeln nicht losgelöst voneinander, sondern sie bilden eine zwischen dem Beschaffungsmarkt und dem Absatzmarkt miteinander verwobene Bereichskette, die als **Leistungsbereich** bezeichnet werden kann.

Dem güterwirtschaftlichen Prozess läuft der **finanzwirtschaftliche Prozess** [⇨ 163] entgegen.

Unter Publizität ist die **Information über die Rechnungslegung** eines Unternehmens oder Konzerns zu verstehen, mit der die Öffentlichkeit wesentliche betriebliche Daten erfährt. Gegenstand der **Publizitätspflicht** sind der Jahres- bzw. Konzernabschluss bzw. der Lagebericht.

Das **Publizitätsgesetz** (PublG) ist insbesondere für **Einzelunternehmen** [⇨ 041] und **Personengesellschaften** [⇨ 161] bedeutsam, wenn sie nach § 1 PublG als Großunternehmen einzustufen sind.

Die Pflicht zur öffentlichen Rechnungslegung setzt nach dem Euro-Bilanzgesetz das Vorliegen von zwei der drei folgenden **Merkmale** an drei aufeinanderfolgenden Abschlussstichtagen voraus:

Bilanzsumme	Sie ist größer als 65 Mio €.
Umsatz	Er ist in den letzten 12 Monaten vor dem Abschlussstichtag größer als 130 Mio €.
Zahl der Arbeitnehmer	Sie liegt im Durchschnitt der 12 Monate vor dem Abschlussstichtag über 5.000.

Für **Kapitalgesellschaften** [⇨ 120] gilt außerdem § 267 HGB. Mindestens zwei der drei folgenden **Merkmale** müssen für die Publizitätspflicht erfüllt sein:

- **Große Kapitalgesellschaften** mit mehr als 13,75 Mio € Bilanzsumme, mehr als 27,5 Mio € Umsatz bzw. mehr als 250 Arbeitnehmern. Sie müssen den vollständigen Jahresabschluss und Lagebericht vorlegen.

- **Mittelgroße Kapitalgesellschaften** mit mehr als 3,438 Mio € Bilanzsumme, mehr als 6,875 Mio € Umsatz bzw. mehr als 50 Arbeitnehmern müssen die Bilanz [⇨ 022] und den Anhang in gekürzter Form, darüber hinaus die GuV-Rechnung und den Lagebericht veröffentlichen.

- **Kleine Kapitalgesellschaften** unterliegen nicht der vollen Publizitätspflicht. Sie müssen ihre Bilanz und den Anhang in gekürzter Form vorlegen.

Rating ist eine Methode zur Einstufung von Sachverhalten. Bei Bankunternehmen ist es ein Instrument zur Beurteilung der **Bonität** von Kreditnehmern, z. B. die Bewertung der Kreditwürdigkeit eines kreditaufnehmenden Unternehmens oder anderer Kreditnehmer. Es wird auch **Kredit Rating** genannt. Nach ihrem Bezug sind folgende Ratings zu unterscheiden:

- Die **bankexternen Ratings** werden z. B. durch Rating-Agenturen durchgeführt. Das Ziel der Kreditwürdigkeitsprüfung besteht darin, eine drohende Krise eines Unternehmens frühzeitig zu erkennen. Teilurteile können dadurch gewonnen werden, dass Daten des **Jahresabschlusses** zu aufschlussreichen Verhältniszahlen verdichtet werden, die optimal ausgewählt, gewichtet und zu einem **Gesamturteil** zusammengefasst werden.

  Das **Ergebnis** der Kreditwürdigkeitsprüfung wird in **Risikoklassen** erfasst, denen Risikogewichte zugeordnet werden, welche die Höhe der nötigen **Unterlegung von Eigenkapital** (%) und damit die Kreditkosten bestimmen.

- Die **bankinternen Ratings** erfreuen sich in Deutschland großer Beliebtheit. Sie werden von Sachverständigen durchgeführt, welche die Kreditforderungen in sechs Klassen einteilen, die Staaten, Banken, Nichtbanken, Privatkunden, Projektfinanzierung und Beteiligungsbesitz sind. Daraufhin werden in Abhängigkeit von diesen Klassen am Einzelfall orientierte Risikozuschläge und Risikoabschläge vorgenommen.

Als Basis für die Berechnungen dienen bankinterne Datenbestände, die das **Kreditausfallrisiko** mit der Ausfallhöhe und Restlaufzeit des Kredits bestimmen sollen. Letztlich werden auch hier die **Kreditkosten** durch höhere oder niedrigere Sätze der Eigenkapitalunterlegung bestimmt.

Realsicherheit, *bewegliche*	*Becker (2002a); Olfert/Reichel (2005 + 2008); Steckler (2008); Wöhe/Bilstein (2002)*	**167**

Die Realsicherheit ist ein **Sachwert**, den Kreditnehmer zur Sicherung eines Kredites [⇨ 136] zur Verfügung stellen. Sie kann ein Recht an beweglichen bzw. unbeweglichen Vermögen darstellen. Als »bewegliche« Realsicherheiten dienen z. B. Waren, Autos, Maschinen. Zu unterscheiden sind dabei:

- Der **Eigentumsvorbehalt**, bei dem sich der Verkäufer einer beweglichen Sache das Eigentum bis zur Zahlung des Kaufpreises vorbehält (§ 449 bGB). Im Zweifel ist anzunehmen, dass das Eigentum unter der aufschiebenden Bedingung der vollständigen Zahlung des Kaufpreises übertragen wird.

- Das **Pfandrecht**, das die Belastung einer beweglichen Sache (§§ 1204-1208 BGB) oder eines Rechtes (§§ 1273-1274 BGB) zwecks Sicherung einer Forderung ist. Das Pfand bleibt im Eigentum des Kreditnehmers, geht aber in den Besitz des Kreditgebers über, was seine Nutzung durch den Kreditnehmer ausschließt.

- Die **Sicherungsübereignung**, bei der es dem Kreditnehmer möglich ist, die sicherungsübereignete Sache weiter zu nutzen. Die übereignete Sache bleibt im unmittelbaren Besitz des Kreditnehmers. Der Kreditgeber erwirbt nur den mittelbaren Besitz. Dies ist durch die Vereinbarung eines **Besitzkonstitutes** möglich (§ 930 BGB), in dessen Rahmen der Kreditgeber dem Kreditnehmer den Besitz und Gebrauch der Sache belässt.

- Die **Sicherungsabtretung**, die auch **Zession** genannt wird. Bei ihr tritt der Kreditnehmer als Zedent Forderungen in einem formfreien Vertrag an den Kreditgeber als Zessionar ab (§§ 398 ff. BGB), sofern deren Abtretung nicht vertraglich oder gesetzlich ausgeschlossen ist. Bei der **offenen Zession** wird die Abtretung dem Schuldner der Forderung angezeigt, der die Zahlung nur an den Zessionar leisten muss. Bei der **stillen Zession** gibt es keine Anzeige an den Schuldner, er kann daher auch an den Zedenten zahlen. Die Höhe der Sicherheitsabtretung liegt i.d.R. 20 bis 30 % über dem Kreditbetrag.

Realsicherheit, *unbewegliche*	*Grill u. a. (2002); Olfert/Reichel (2005 + 2008); Perridon/Steiner (2006); Wöhe/Bilstein (2002)*	**168**

Als »unbewegliche« Realsicherheiten dienen **Grundpfandrechte**, die durch Verpfändung von Grundstücken entstehen. Sie werden in das Grundbuch als dem vom Registergericht geführten Verzeichnis aller Grundstücke des betreffenden Amtsgerichtsbezirks eingetragen.

Arten der Grundpfandrechte sind:

- Die **Hypothek** als ein Pfandrecht an einem Grundstück, das der Sicherung einer Forderung dient (§§ 1113-1190 BGB). Sie ist üblicherweise eine Sicherheit [⇨ 183] im langfristigen Kreditgeschäft. Die Hypothek kommt durch Einigung zwischen dem Kreditgeber und dem Grundstückseigentümer, Eintragung der Hypothek in das Grundbuch und Übergabe des Hypothekenbriefs zu Stande. Im Grundbuch sind der Gläubiger, der Geldbetrag der Forderung, der Zinssatz und der Geldbetrag von Nebenleistungen, sofern diese vereinbart sind, zu nennen.

- Die **Grundschuld** (§§ 1191-1198 BGB), die nicht das Bestehen einer Forderung voraussetzt. Zwischen einem Kredit [⇨ 136], der durch eine Grundschuld abgesichert wird, und der Grundschuld ist damit zwar ein wirtschaftlicher, aber kein rechtlicher Zusammenhang gegeben. Eine **Eigentümergrundschuld** entsteht, wenn ein Grundstückseigentümer eine Grundschuld für sich selbst eintragen lässt, sowie durch Rückzahlung einer Hypothek in Höhe des Rückzahlungsbetrages.

- Die **Rentenschuld**, bei der aus dem Grundstück in regelmäßigen Zeitabständen eine bestimmte Geldsumme (Rente) zu zahlen ist (§ 1199 BGB). Für den Gläubiger ist sie unkündbar, während sie der Schuldner durch Zahlung des im Grundbuch eingetragenen Wertes ablösen kann.

Als »unbewegliche« Realsicherheiten spielen in der Praxis vor allem Grundschulden eine hervortretende Rolle.

Die Rechtsform ist Ausdruck der Regelungen, welche die Rechtsbeziehungen des Unternehmens im Innen- und Außenverhältnis betreffen. Sie ist das **»juristische Kleid«** einer Einzelwirtschaft, d. h. mit ihr wird das Unternehmen zu einer rechtlich fassbaren Einheit. Ihre Grundlage bildet das **Gesellschaftsrecht**, das nicht in einem einheitlichen Gesetzbuch geregelt ist, sondern aus mehreren Gesetzen besteht. Es gibt:

Die Frage nach der wirtschaftlich zweckmäßigsten Rechtsform stellt sich bei der Gründung [⇨ 086] eines Unternehmens. Ihre Wahl ist von **langfristiger Bedeutung**, dennoch führt die Entwicklung eines Unternehmens dazu, dass die Gründungsentscheidung von Zeit zu Zeit zu überdenken und u. U. ein Rechtsformwechsel zu vollziehen ist. Wenn sich wesentliche wirtschaftliche, rechtliche, steuerrechtliche oder persönliche Faktoren geändert haben, kann dies dazu führen, eine Änderung der Rechtsform zu erwägen.

Der Rembourskredit ist ein **kurzfristiger Außenhandelskredit**, der eine Sonderform des Akzeptkredites [⇨ 033] darstellt. Sein Wesen besteht darin, dass der Exporteur auf seine Bank (Remboursbank) eine Zieltratte zieht, die den Wechsel [⇨ 192] im Auftrag und für Rechnung der Importbank gegen Einreichung der Dokumente akzeptiert und diskontiert. Es ergibt sich folgender Zusammenhang:

(1) Es wird zunächst ein Kaufvertrag zwischen Importeur und Exporteur abgeschlossen.

(2) Der Importeur gibt seiner Importbank den Auftrag, einen 90-Tage-Rembourskredit zu Gunsten des **Exporteurs** zu eröffnen.

(3) Die **Importbank** eröffnet ein Dokumentenakkreditiv über eine deutsche Bank und bittet diese, den auf sie gezogenen Wechsel des Exporteurs zu akzeptieren.

(4) Die Akkreditiv-Eröffnungsanzeige der Remboursbank geht an den Exporteur.

(5) Die Ware wird an den Importeur versandt.

(6) Der Exporteur zieht auf die Bank RB eine 3-Monate Sichttratte und reicht diese zusammen mit den Dokumenten zur Akzeptierung ein.

(7) Die **Remboursbank** akzeptiert den Wechsel und diskontiert ihn zu Gunsten des Exporteurs.

(8) Die Remboursbank schickt die Dokumente an Importbank und teilt ihr die Akzeptierung mit.

(9) Die Importbank gibt die Dokumente an Importeur weiter, der damit über die Ware verfügt.

(10) Bei Fälligkeit des Akzeptes belastet die Remboursbank die Importbank.

(11) Die Importbank belastet den **Importeur**.

| Rentabilität(sanalyse) | *Ditges/Arendt (2007a); Jung (2006a); Olfert/ Reichel (2008); Perridon/Steiner (2006)* | **171** |

Die Rentabilität ist das Verhältnis des Periodenerfolges als Differenz von Ertrag und Aufwand zu anderen Größen. Sie wird auch **Rendite** genannt. Aufschluss über den Erfolg des Unternehmens gibt die **Rentabilitätsanalyse**, die sein kann:

- **Gewinnorientierte Rentabilitätsanalyse:**

$$\text{Eigenkapitalrentabilität} = \frac{\text{Gewinn}}{\text{Eigenkapital}} \cdot 100$$

$$\text{Gesamtkapital-rentabilität} = \frac{(\text{Gewinn} + \text{Fremdkapitalzinsen})}{\text{Gesamtkapital}} \cdot 100$$

$$\text{Umsatzrentabilität} = \frac{\text{Gewinn}}{\text{Umsatz}} \cdot 100$$

- **Cashflow-orientierte Rentabilitätsanalyse:**

$$\text{Eigenkapitalrentabilität} = \frac{\text{Cashflow}}{\text{Eigenkapital}} \cdot 100$$

$$\text{Gesamtkapitalrentabilität} = \frac{\text{Cashflow}}{\text{Gesamtkapital}} \cdot 100$$

$$\text{Umsatzrentabilität} = \frac{\text{Cashflow}}{\text{Umsatz}} \cdot 100$$

- **Return on Investment (ROI):**

$$\text{ROI} = \frac{\text{Gewinn}}{\text{Investiertes Kapital}} \cdot 100$$

$$\text{ROI} = \frac{\text{Gewinn} \cdot 100}{\text{Umsatz}} \cdot \frac{\text{Umsatz}}{\text{Investiertes Kapital}}$$

Die **Problematik** der Rentabilitätskennzahlen liegt in der richtigen Ermittlung des Gewinns.

| Rentabilitätsvergleichsrechnung | *Däumler (2003); Grob (2006); Kruschwitz (2005); Olfert/Reichel (2006a+b)* | **172** |

Die Rentabilitätsvergleichsrechnung ermöglicht die Ermittlung der absoluten Vorteilhaftigkeit von Investitionsobjekten, da sie den erforderlichen **Kapitaleinsatz berücksichtigt**, was bei der Kostenvergleichsrechnung [⇨ 132] und Gewinnvergleichsrechnung [⇨ 082] nicht geschieht, die nur Aussagen über die relative Vorteilhaftigkeit ermöglichen.

Unter der Zielsetzung, mithilfe der Rentabilitätsvergleichsrechnung die **durchschnittliche jährliche Verzinsung** des eingesetzten Kapitals [⇨ 114] von Investitionsobjekten zu ermitteln, gilt:

$$R = \frac{G}{D} \cdot 100$$

oder

$$R = \frac{E - K}{D} \cdot 100$$

R	=	Rentabilität (%)
G	=	Gewinn (€/Periode)
E	=	Erträge (€/Periode)
K	=	Kosten (€/Periode)
D	=	Durchschnittlicher Kapitaleinsatz (€)

Der (durchschnittliche) **Gewinn** ist als zusätzlicher, durch die Investition verursachter Gewinn zu verstehen, der nach überwiegender Auffassung nicht durch kalkuatorische Zinsen gemindert werden darf. Der durchschnittliche **Kapitaleinsatz** ist bei abnutzbaren Anlagegütern mit den halben Anschaffungskosten, bei nicht abnutzbaren Anlagegütern und Gütern des Umlaufvermögens mit den Anschaffungskosten anzusetzen.

Mithilfe der Rentabilitätsvergleichsrechnung kann die Vorteilhaftigkeit eines **einzelnen Investititionsobjektes** beurteilt werden, die gegeben ist, wenn seine Rentabilität der vom Unternehmen festgelegten Mindestrentabilität entspricht oder über ihr liegt. Außerdem lassen sich die Vorteilhaftigkeit **alternativer Investitionsobjekte** [⇨ 173] sowie des **Ersatzes** eines alten durch ein neues Investitionsobjekt [⇨ 174] beurteilen.

Das Auswahlproblem stellt sich, wenn mehrere Investitionsobjekte vorhanden sind, von denen das vorteilhaftere bzw. vorteilhafteste zu bestimmen ist. Bei seiner Lösung mithilfe der Rentabilitätsvergleichsrechnung stellt sich die Frage des durch die Investitionen bewirkten zusätzlich erzielbaren Gewinnes, z. B.:

	Investitions-objekt I	Investitions-objekt II
Anschaffungskosten (€)	90.000	88.020
Restwert (€)	0	0
Erträge	112.300	114.230
Fixe Kosten	20.000	18.670
Variable Kosten	72.000	70.000
Gesamte Kosten	92.000	68.670
Gewinn	**20.300**	**25.560**

$$R = \frac{E - K}{D} \cdot 100$$

$$R_I = \frac{112.300 - 92.000}{45.000} \cdot 100 = \mathbf{45{,}11\ \%}$$

$$R_{II} = \frac{114.230 - 88.670}{44.010} \cdot 100 = \mathbf{58{,}08\ \%}$$

D = Durchschnittlicher Kapitaleinsatz als die Hälfte der Anschaffungskosten

Dem Rentabilitätsvergleich liegen zwei **Einschränkungen** zu Grunde:

• Die **Anschaffungskosten** der alternativen Investitionsobjekte müssen gleich oder ähnlich hoch sein.
• Die **Nutzungsdauern** der alternativen Investitionsobjekte müssen gleich oder ähnlich hoch sein.

Sind Anschaffungskosten oder/und Nutzungsdauern der alternativen Investitionsobjekte unterschiedlich hoch, müssen sie vergleichbar gemacht werden, um falsche Beurteilungen zu vermeiden. Dies geschieht mithilfe einer **Differenzinvestition**.

Mit den Differenzinvestitionen müssen also die Anschaffungskosten oder/und Nutzungsdauern derjenigen Investitionsobjekte, die geringere Werte aufweisen, »aufgefüllt« werden, wobei bei abnutzbaren Objekten der hälftige Kapitaleinsatz in die Rechnung eingeht.

Beim Ersatzproblem geht es um die Frage, ob und wann es vorteilhaft ist, ein in Nutzung befindliches, technisch weiter verwendbares Investitionsobjekt durch ein neues Investitionsobjekt zu ersetzen.

Die Rentabilitätsvergleichsrechnung ist dabei darauf ausgerichtet, die zusätzliche Kostenersparnis festzustellen. Zu diesem Zwecke muss die Gleichung zur Berechnung der Rentabilität entsprechend abgewandelt werden. Es gilt unter der Voraussetzung konstanter Erlöse:

$$R = \frac{K_A - K_N}{D_N} \cdot 100$$

R = Rentabilität (%)
K = Kosten (€/Periode)
D = Durchschnittlicher Kapitaleinsatz (€)
A = Altes Investitionsobjekt
N = Neues Investitionsobjekt

Verursacht z. B. ein altes Investitionsobjekt durchschnittliche jährliche Kosten von 35.000 € und würden für ein neues Investitionsobjekt mit Anschaffungskosten in Höhe von 70.000 € jährliche Kosten von lediglich 28.000 € anfallen, ergäbe sich:

$$R = \frac{35.000 - 28.000}{35.000} \cdot 100 = \mathbf{20\ \%}$$

Die durchschnittliche Rentabilität würde 20 % betragen.

Fällt für das alte Investitionsobjekt ein **Resterlös** an, ist dieser vom durchschnittlichen Kapitaleinsatz des alten Objektes abzuziehen oder dem durchschnittlichen Kapitaleinsatz des neuen Investitionsobjektes hinzuzurechnen.

Reproduktionswert	*Drukarczyk (2005); Grob (2006); Kruschwitz (2005); Olfert/Reichel (2006a+b)*	**175**

Der Reproduktionswert ist die **Summe** der einzelnen **Beschaffungspreise** betriebsnotwendiger Vermögensteile eines Unternehmens und zeigt, was dessen Erstellung kosten würde. Er wird im Rahmen der Unternehmensbewertung [⇨ 190] ermittelt und in der Praxis auch als **Substanzwert** bezeichnet. **Elemente** des Reproduktionswertes können folgende Kostenwerte sein:

- Der **Produktionswert**, der sich auf die Kostenseite bezieht. Werden die einzelnen Güter mit den Werten angesetzt, die sie zurzeit ihrer Anschaffung oder Herstellung hatten, gelangt man zu dem auf Vergangenheitswerten beruhenden **Anschaffungswert** oder Produktionswert. Er sagt jedoch nichts darüber aus, wie viel Kapital [⇨ 114] heute aufgewendet werden müsste, um das Unternehmen in seinem gegenwärtigen Zustand aufzubauen. Da der Käufer eines Unternehmens gerade dies wissen möchte, ist der Produktionswert für ihn kein geeigneter Wertmaßstab.

- Der **Vollreproduktionswert**, der die Wiederbeschaffungskosten am Bewertungsstichtag darstellt, also die Tageswerte im Zeitpunkt des Überganges oder Verkaufes des Unternehmens. Werden die einzelnen Vermögensteile auf diese Weise bewertet, ergibt deren Summe den Vollreproduktionswert. Für die Bewertung eines Unternehmens kann grundsätzlich der **Reproduktions*zeit*wert** der Anlagen (Tagesbeschaffungswert minus Abschreibungen) oder der **Reproduktions*neu*wert** (Tagesbeschaffungswert) herangezogen werden. Welcher der beiden Werte der geeignete(re) ist, wird von Experten unterschiedlich beurteilt.

- Der **Teilreproduktionswert**, von dem zweckmäßigerweise gesprochen wird, weil der Reproduktionswert auch alle immateriellen Güter enthalten müsste. Dies ist aber nicht der Fall, weil die Aufwendungen nicht feststellbar sind, die zu ihrer Entstehung führten und ihre Bewertung im Hinblick auf den gegenwärtigen Zeitpunkt undurchführbar ist. Solche immateriellen Güter sind z. B. die Organisation, der Standort, das Betriebsklima, der Kundenstamm, das Image, die Stellung am Beschaffungs- und Absatzmarkt und der Markenname.

Rücklage	*Coenenberg (2005); Ditges/Arendt (2007a); Grefe (2008); Küting/Weber (2006a)*	**176**

Die Rücklage ist **Teil des variablen Eigenkapitals** [⇨ 039] **von Kapitalgesellschaften** [⇨ 120], der dazu dient, auftretende Verluste ohne Beeinträchtigung des konstanten Nominalkapitals auszugleichen sowie die Eigenkapital- und Haftungsbasis zu stärken. Zu unterscheiden sind nach **HGB**:

- **Kapitalrücklagen**, die von außerhalb des Unternehmens zugeführt werden, z. B.:

Aufgeld/Agio	Beträge, die bei Ausgabe von Anteilen einschließlich Bezugsanteilen über den Nennbetrag hinaus erzielt werden.
Anteilsbeträge	Beträge, die bei Ausgabe von Schuldverschreibungen für Wandlungsrechte und Optionsrechte zum Erwerb von Anteilen erzielt werden (§ 272 Abs. 2 Nr. 2 HGB).
Zuzahlungen	Beträge, die Gesellschafter gegen Gewährung eines Vorzugs für ihre Anteile leisten (§ 272 Abs. 2 Nr. 3 HGB), z. B. Vorzugsaktien; außerdem als **andere Zuzahlungen** ausgewiesene Beträge, die Gesellschafter in das Eigenkapital leisten (§ 272 Abs. 2 Nr. 4 HGB).

- **Gewinnrücklagen**, die aus dem Jahresüberschuss gebildet werden – § 266 Abs. 3 HGB:

Gesetzliche Rücklage	Sie kann gem. § 150 Abs. 1 AktG **nur bei der AG** [⇨ 004] **oder KGaA** [⇨ 130] auftreten. In sie sind 5 % des um einen Verlustvortrag aus dem Vorjahr geminderten Jahresüberschusses einzustellen, bis gesetzliche Rücklage und Kapitalrücklage (§ 272 Abs. 2 Nr. 1 - 3 HGB) zusammen 10 % oder den in der Satzung bestimmten Teil des Grundkapitals erreichen (§ 150 Abs. 2 AktG).
Rücklage für eigene Anteile	§ 272 Abs. 4 HGB regelt für die AG und die GmbH ihre Bildung und Höhe der Rücklage für eigene Anteile. Mit ihr soll sichergestellt werden, dass der Erwerb eigener Anteile nicht zur Rückzahlung von Grund- oder Stammkapital oder offener Rücklagen führt.
Satzungsmäßige Rücklagen	Zu ihrer Bildung kann eine Gesellschaft aufgrund ihres Gesellschaftsvertrags, ihrer Satzung oder ihres Statuts verpflichtet sein.
Andere Gewinn-rücklagen	Sie beinhalten als Restgröße alle Gewinnrücklagen, die nicht gesondert in andere Rücklagekomponenten zu erfassen sind.

Nach **IFRS** sind Rücklagenbewegungen Bestandteil der Eigenkapitalveränderungsrechnung.

Rückstellung	Bareis (2002); Coenenberg (2005); Ditges/Arendt (2007a+b); Grefe (2008)	177

Die Rückstellung ist ein **Passivposten** der Bilanz [⇨ 022], der dazu dient, durch zukünftige Handlungen bedingte Wertminderungen der Rechnungsperiode als Aufwand zuzurechnen. Sie ist bezüglich ihres Eintretens oder ihrer Höhe nach nicht völlig sicher. Nach HGB werden verschiedene Rückstellungen unterschieden (§ 266 Abs. 3 HGB).

Rückstellungen für Pensionen und ähnliche Verpflichtungen muss eine rechtsverbindliche Pensionsverpflichtung zu Grunde liegen. Die Pensionszusage hat schriftlich zu erfolgen und darf keine steuerschädlichen Vorbehalte aufweisen. **Steuerrückstellungen** sind alle ungewissen Verbindlichkeiten aus Steuern, für welche die Gesellschaft selbst Steuerschuldnerin ist. **Sonstige Rückstellungen** sind alle passivierungsfähigen Rückstellungen, die oben nicht berücksichtigt werden können, z. B. für Abschlusskosten, Prozesskosten, Garantieverpflichtungen.

> B. Rückstellungen
> 1. Rückstellungen für Pensionen und ähnliche Verpflichtungen
> 2. Steuerrückstellungen
> 3. Sonstige Rückstellungen

Nach **IFRS** dürfen Rückstellungen nur bei Verpflichtungen gegenüber Dritten ausgewiesen werden.

Betriebswirtschaftlich lassen sich unterscheiden:

Scheck	Baumbach/Hefermehl (2000); Becker (2002a); Grill u. a. (2002); Olfert/Reichel (2008)	178

Der Scheck ist die unbedingte Anweisung eines Ausstellers an sein Kreditinstitut, einem Dritten bei Sicht einen bestimmten Betrag zu Lasten seines Kontos auszuzahlen. Er hat vorgeschriebene gesetzliche und kaufmännische Bestandteile. Nach seiner Art der **Einlösung** gibt es:

- Den **Barscheck**, bei dem der Scheckempfänger die Möglichkeit hat, ihn bei dem bezogenen Kreditinstitut gegen bare Auszahlung einzulösen. Er kann ihn aber auch zur Gutschrift vorlegen bzw. einreichen oder weitergeben. Missbräuchliche Verwendung ist nicht auszuschließen.

- Denr **Verrechnungsscheck**, bei dem die bare Verfügung ausgeschlossen ist. Im Rahmen des bargeldlosen Zahlungsverkehrs [⇨ 197] ergibt sich folgender Ablauf:

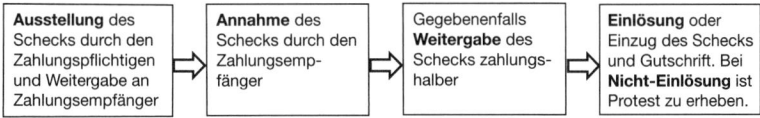

Nach der **Eigentumsübertragung** sind folgende Arten von Schecks zu unterscheiden:

- **Inhaberschecks**, die keine Angabe eines Zahlungsempfängers tragen und mit der Überbringerklausel »oder Überbringer« versehen sind.

- **Oderschecks** weisen den Namen eines Zahlungsempfängers aus, dazu kann – muss aber nicht – der Vermerk »oder Order« kommen. Sie stellen sicher, dass nur der Begünstigte ihn einlösen oder weitergeben kann. Die Übertragung erfolgt durch Einigung, Indossament und Übergabe.

- **Rektaschecks** tragen den Namen einer begünstigten Person und sind mit der negativen Orderklausen »nicht an Order« versehen. Damit wird die Übertragung als Orderpapier ausgeschlossen.

Das Schuldscheindarlehen ist langfristiges, anleiheähnliches Fremdkapital [⇨ 073] von größerem Umfang, das von Kapitalsammelstellen unter bestimmten Voraussetzungen bereitgestellt wird. **Kapitalsammelstellen** sind Unternehmen, bei denen sich durch freiwilliges oder zwangsweises Sparen große Kapitalsummen ansammeln, z. B. bei Versicherungen, Sparkassen, Bausparkassen, aber auch Sozialversicherungsträger.

Grundlage des Schuldscheindarlehens kann ein **Schuldschein** sein. Er verbrieft keine Rechte, sondern hat ausschließlich Beweisfunktion. Mit seiner Übergabe erfolgt kein Übergang der Forderungen. Das kann nur durch eine **Forderungsabtretung** geschehen. Entsprechend führt der Verlust des Schuldscheins nicht zum Untergang der Forderungen. Heute wird das Schuldscheindarlehen vielfach ohne Schuldschein vereinbart. Stattdessen wird ein **Darlehensvertrag** geschlossen.

Arten des Schuldscheindarlehens sind:

* Das **fristkongruente Schuldscheindarlehen**, bei dem die Dauer der Kapitalbereitstellung der Dauer der Kapitalnutzung entspricht. Der Kapitalgeber geht dabei ein **Fristenrisiko** ein. Das **Zinsrisiko** kann beim Kapitalgeber liegen, wenn z. B. die Zinsen [⇨ 200] mit einem über die Laufzeit festen Satz vereinbart sind.

* Das **revolvierende Schuldscheindarlehen**, bei dem die Fristen der Kapitalbereitstellung kürzer als die Fristen der Kapitalnutzung sind. Praktisch müssen somit mehrere zeitlich kürzere Darlehen für eine langfristige Finanzierung [⇨ 048] unmittelbar aneinander gereiht werden.

Die **Kapitalkosten** [⇨ 123] können Zinsen, Treuhand-, Beurkundungs-, Eintragungs-, Löschungsgebühren und Vermittlungsprovisionen umfassen.

Die Selbstfinanzierung ist eine Form der Innenfinanzierung [⇨ 090]. Sie erfolgt aus **zurückbehaltenen Gewinnen**, die durch Umsatzerlöse erwirtschaftet werden. Um Selbstfinanzierung betreiben zu können, müssen die zurückbehaltbaren Gewinne in die Verkaufspreise der Produkte kalkuliert sein, die Verkaufspreise tatsächlich realisiert werden und der Verkauf der Produkte zu entsprechenden Einzahlungen führen.

Ist dies der Fall, können sie zur **Bildung von Rücklagen** [⇨ 176] Verwendung finden und auf diese Weise die Höhe des Eigenkapitals [⇨ 039] vergrößern. Die Rücklagen können offen ausgewiesen werden, oder sie können stille Reserven darstellen, die für den Außenstehenden nicht ohne weiteres erkennbar sind. Dementsprechend werden als Selbstfinanzierung unterschieden:

Offene Selbstfinanzierung [⇨ 181]

Selbstfinanzierung

Stille Selbstfinanzierung [⇨ 182]

Die Selbstfinanzierung hat verschiedene Vorteile und Nachteile:

* **Vorteile** liegen in der kostengünstigen Beschaffung und Verwendung der finanziellen Mittel. Außerdem müssen keine Sicherheiten [⇨ 183] gestellt und keine Rückzahlungsverpflichtungen erfüllt werden. Die Kreditfähigkeit des Unternehmens erhöht sich.

* **Nachteile** der Selbstfinanzierung können Fehlinvestitionen wegen mangelnder Außenkontrolle, Manipulationen des Gewinnes und Verschleierungen hinsichtlich der Rentabilität [⇨ 171] sein.

Bei Aktiengesellschaften [⇨ 004] bilden die Einbehaltung bzw. Ausschüttung von Gewinnen häufig Konfliktpotenziale zwischen Vorstand und Aufsichtsrat bzw. Aktionären.

Die offene Selbstfinanzierung ist eine Finanzierung **aus zurückbehaltenen Gewinnen**, bei welcher der vom Unternehmen erwirtschaftete Gewinn in der Bilanz [⇨ 022] ausgewiesen und versteuert wird. Für die unterschiedlichen **Rechtsformen** [⇨ 169] gilt:

- Bei der **OHG** [⇨ 158] erfolgt die Verzinsung der Kapitalanteile, sofern im Gesellschaftsvertrag nichts anderes vereinbart ist, zunächst in Höhe von 4 % der bei Beginn des Geschäftsjahres vorhandenen Kapitalanteile. Der Rest des Gewinnes wird nach Köpfen verteilt (§ 121 HGB).

- Bei der **KG** [⇨ 129] gelten für die Komplementäre die gleichen Regelungen wie für die Gesellschafter der OHG. Die Kommanditisten erhalten eine 4 %ige Verzinsung ihrer Kapitalanteile als Gewinnausschüttung. Der Gewinnrest wird in angemessenem Verhältnis verteilt (§ 168 HGB).

- Bei der **Stillen Gesellschaft** [⇨ 184] hat der stille Gesellschafter i.d.R. keine Möglichkeit, über eine Selbstfinanzierung zu entscheiden, da ihm sein Gewinnanteil auszuzahlen ist.

- Bei der **GdbR** [⇨ 078] wird der Gewinn bei Auflösung der Gesellschaft verteilt, sofern vertraglich nichts anderes vereinbart ist. Eine Entnahme des Gewinnes nach Abschluss eines jeden Geschäftsjahres ist möglich, wenn die Gesellschaft von längerer Dauer ist.

- Bei der **GmbH** [⇨ 079] haben die Gesellschafter Anspruch auf den Reingewinn im Verhältnis ihrer Geschäftsanteile (§ 29 GmbHG). Das ist derjenige Gewinn, der sich nach Abzug eines möglichen Verlustvortrages und der zugelassenen Rücklagenbildung ergibt.

- Bei der **AG** [⇨ 004] kann die offene Selbstfinanzierung durch die **Bildung von Rücklagen** [⇨ 176] als unmittelbarer Form der Selbstfinanzierung erfolgen. Außerdem wird mitunter die **Kapitalerhöhung** [⇨ 118] **aus Gesellschaftsmitteln** als solche angesehen. Bei ihr fließt der Gesellschaft kein zusätzliches Kapital zu, sondern es erfolgt eine Umschichtung beim bilanzierten Eigenkapital [⇨ 039].

Die stille Selbstfinanzierung wird durch die Bildung stiller, nicht aus der Bilanz [⇨ 022] ersehbarer Reserven erreicht, sofern diese durch Gewinne gedeckt sind. **Stille Reserven** sind Kapitalreserven, die ihre Entstehung einer positiven Wertdifferenz zwischen dem Tagesbeschaffungswert und dem Buchwert verdanken, wobei für nicht aktivierte Güter der Buchwert mit Null angenommen wird.

Die stille Selbstfinanzierung erfolgt durch **bewusste Bilanzierungsakte** und/oder **bewusste Bewertungsakte**, wobei liquide Mittel im Unternehmen gebunden werden, ohne zuvor als Gewinn zu erscheinen. Sie ist möglich:

- Durch **Unterbewertung der Aktiva**, z. B. durch überhöhte direkte Abschreibungen, Nichtaktivierung aktivierungsfähiger Aufwendungen, zu niedrige Ansätze des Umlaufvermögens [⇨ 188].

- Durch **Überbewertung der Passiva**, z. B. durch zu hohe Rückstellungen [⇨ 177], die je nach dem Rückstellungsgrad kurz- bis langfristige Finanzierungsquellen sein können und/oder Rechnungsabgrenzungsposten, die meist kurzfristige stille Reserven enthalten.

Für das Unternehmen ist es wichtig zu wissen, wie lange die durch die stille Selbstfinanzierung im Unternehmen gebundenen Mittel für Finanzierungszwecke eingesetzt werden können. Entsprechend sind **dauerhafte**, **langfristige**, **mittelfristige** und **kurzfristige** stille Reserven zu unterscheiden.

Mit der Bildung stiller Reserven wird der **Gewinn** des Unternehmens zunächst verringert, ihre **Auflösung** nach einer bestimmten Zeit bewirkt, aber seine Erhöhung, d. h. Gewinnauszahlungen werden nicht vermieden, sondern nur **auf spätere Perioden verschoben**. Aus diesem Grunde müssen gegenwärtige Vorteile mit zukünftigen Nachteilen abgewogen werden.

Sicherheit	Becker (2002a); Grill/Perczynski (2004); Jung (2006a); Olfert/Reichel (2005 + 2008)	183

Die Sicherheit ist eine Möglichkeit der Absicherung gegen Risiken aus der Überlassung von Geldbeträgen durch Kreditgeber an Kreditnehmer. Sie wird deshalb auch **Kreditsicherheit** genannt. Kapitalgeber gehen mit der Hingabe des Fremdkapitals [⇨ 073] ein Kapitalrisiko und Zinsrisiko ein, d. h. sie laufen Gefahr, dass sie ihr Kapital [⇨ 114] nicht zurückerhalten bzw. die ihnen zustehenden Zinsen [⇨ 200] nicht bekommen.

Die Absicherung eines Kreditgebers geschieht zunächst einmal dadurch, dass er sich über den Kapitalnehmer informiert, um seine Bonität einschätzen zu können. Ist der Kreditgeber ein Kreditinstitut, hat das Unternehmen ihm i.d.R. einen Kreditantrag vorzulegen, der einer **Kreditwürdigkeitsprüfung** [⇨ 137] unterzogen wird. Weitere Möglichkeiten der Absicherung können sein:

- Die **Sicherung des Risikos** als Bestreben des Kreditgebers, sein Risiko so weit wie möglich auszuschalten. Er fordert für die Kreditzusage die Stellung von **Sicherheiten**, die sein können:

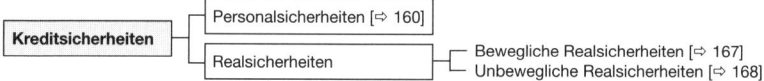

- Die **Beschränkung des Risikos** als Bestreben des Kreditgebers, eine gewisse Ausgewogenheit seines Engagements zu erreichen, z. B. durch Risikoteilung oder Risikostreuung.

- Die **Honorierung des Risikos**, indem mit der Bereitstellung des Kapitals [⇨ 114] voraussichtlich verbundene Gefahren bei der Gestaltung der Konditionen zu berücksichtigen sind, z. B. durch die Höhe der Zinsen oder die Forderung auf Mitbestimmung in unternehmenspolitischen Fragen.

Stille Gesellschaft	Blaurock (2003); Hager (2000b); Olfert/Rahn (2008); Olfert/Reichel (2005 + 2008)	184

Die Stille Gesellschaft ist der vertragliche **Zusammenschluss eines Kaufmanns mit einem Kapitalgeber** als Stillem Gesellschafter, dessen Einlage in das Vermögen des Kaufmanns eingeht. Rechtsgrundlagen sind §§ 230 - 237 HGB. Ihre **Bedeutung** besteht in der Stärkung der Eigenkapitalbasis des Unternehmers, der jedoch seine Handlungsfreiheit behält. Die Stille Gesellschaft kann sein:

- Die **typische** stille Gesellschaft, bei welcher der stille Gesellschafter nicht an stillen Reserven der Gesellschaft des Geschäftsinhabers beteiligt ist.

- Die **atypische** stille Gesellschaft, bei der eine Beteiligung an den stillen Reserven erfolgt.

Die **Gründung** [⇨ 086] basiert auf einem Vertrag. Es handelt sich allerdings nicht um den Betrieb eines Handelsgewerbes unter gemeinschaftlicher Firma, sondern um eine Innengesellschaft, die nach außen nicht in Erscheinung tritt und damit auch nicht in das Handelsregister [⇨ 088] eingetragen wird. Die **Auflösung** erfolgt durch Zeitablauf des Vertrages, Kündigung, Insolvenz oder Tod des Inhabers, nicht jedoch durch den Tod des Stillen Gesellschafters. Der stille Gesellschafter hat:

- **Rechte**, die in einem »angemessenen« bzw. vertragsgemäßen Gewinnanteil bestehen. Außerdem hat er eingeschränkte Kontrollrechte, z. B. kann er eine abschriftliche Mitteilung der Bilanz [⇨ 022] verlangen und diese auf ihre Richtigkeit prüfen.

- **Pflichten**, die begrenzt sind. Er muss seine nominal festgelegte Einlage leisten, deren Mindesthöhe nicht vorgeschrieben ist. Seine Haftung ist auf die Einlage beschränkt.

Kapitalkosten [⇨ 123] sind Gewinnausschüttungen, Einkommensteuer bzw. Körperschaftsteuer (beim Gesellschafter) und Kapitalertragsteuer (beim stillen Gesellschafter).

Das Substanzwert-Verfahren dient der **Unternehmensbewertung** [⇨ 190], ist dort aber kein eigenständiges Verfahren, sondern wird ergänzend verwendet.

Der Substanzwert kann sein:

- Ein **Tageswert** der bewertbaren Vermögensteile des Unternehmens zum Zeitpunkt des Überganges oder Verkaufes, die betriebsnotwendig sind:

	Tageswert der		Tageswert der bewertbaren
Substanzwert =	bewertbaren	–	nicht betriebsnotwendigen
	Vermögensteile		Vermögensteile

- Ein **zukunftsorientierter Substanzwert**, der als Differenz aus den abgezinsten Auszahlungen des zu beurteilenden Unternehmens und den abgezinsten Auszahlungen für ein entsprechend gleichartiges, neu zu errichtendes Unternehmen verstanden wird.

$$ZSW = A_{ON} - A_{OA}$$

ZSW	=	Zukunftssubstanzwert (€)
A_{OA}	=	Barwert der Auszahlungen des zu beurteilenden Unternehmens (€)
A_{ON}	=	Barwert der Auszahlungen des neu zu errichtenden Unternehmens (€)

Der sich ergebende Zukunftssubstanzwert kann sein:

▶ Ein **negativer Zukunftssubstanzwert**, der den Kauf des zu beurteilenden Unternehmens nicht als vorteilhaft erscheinen lässt.

▶ Ein **positiver Zukunftssubstanzwert**, der zeigt, wie hoch die – abgezinste – Ersparnis ist, wenn das zu beurteilende Unternehmen erworben wird, anstelle es neu zu errichten.

Mithilfe des Übergewinn-Verfahrens kann der **Firmenwert** [⇨ 067] unter Verwendung des vom Unternehmen erzielten Übergewinnes errechnet werden. Es ist der Gewinn, der über die Normalverzinsung des Substanzwertes hinaus erzielt wird. Zu unterscheiden sind:

- Die **Methode der Übergewinnabgeltung**, die davon ausgeht, dass dem Verkäufer eines Unternehmens nicht nur der Reproduktionswert [⇨ 175] zusteht, sondern auch ein Betrag, der für den Verzicht auf die **Übergewinne** kommender Jahre entschädigt. Nach Ablauf einiger Jahre sind die Übergewinne auf den neuen Eigentümer zurückzuführen (originärer Firmenwert) bzw. verschwinden durch den Konkurrenzdruck allmählich. Der **Unternehmenswert** ergibt sich:

$$U = RW + m (G - i \cdot RW)$$

U	=	Unternehmenswert (€)
RW	=	(Teil-) Reproduktionswert (€)
G	=	Durchschnittlicher Gewinn (€/Jahr)
i	=	Normalzinsfuß $\frac{p}{100}$ (%)
m	=	Faktor der angenommenen Flüchtigkeit des Firmenwertes. Er liegt üblicherweise zwischen 3 und 6.

- Bei der **Methode der Übergewinnkapitalisierung** wird unterstellt, dass über die Normalverzinsung des Reproduktionswertes hinausgehende Gewinne besonders stark risikobehaftet sind und der Übergewinn deshalb mit einem höheren als dem normalen Zinsatz zu kapitalisieren ist. Der so ermittelte Barwert [⇨ 017] ist der **Firmenwert** als Unternehmenswert:

$$U = RW + \frac{G - i \cdot RW}{h}$$

G	=	Jährlicher Gewinn (€/Jahr)
i	=	Kalkulationszinssatz (%)
h	=	Zinssatz für Übergewinne (%)

Die Finanzierung mithilfe von Umkehrwechseln, die vielfach auch **Scheck-Wechsel-Tauschverfahren** genannt wird, ist ein im Handel häufig genutztes Verfahren der kurzfristigen Fremdfinanzierung [⇨ 071].

Der Käufer einer Ware zahlt unter Ausnutzung eines Skontos mit einem Scheck [⇨ 178] – er kann aber auch bar zahlen – und lässt gleichzeitig vom Lieferanten einen Wechsel [⇨ 192] auf sich ziehen, den er akzeptiert. Den Wechsel reicht er üblicherweise zur Refinanzierung der Scheckzahlung seinem Kreditinstitut zum Diskont ein.

Der **Vorteil** des Umkehrwechsel-Verfahrens liegt darin, dass der Käufer den Skontoabzug nutzen und zur Finanzierung [⇨ 048] einen kostengünstigen Diskontkredit [⇨ 034] in Anspruch nehmen kann.

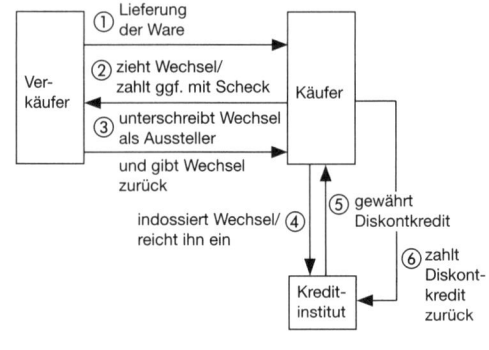

Für den Lieferanten ist allerdings ein **Risiko** verbunden, da er als Wechselaussteller haftet. Er wird das Scheck-Wechsel-Tauschverfahren deshalb im Regelfall nur dann nutzen, wenn der Käufer entsprechende **Bonität** hat. Außer dem so genutzten Handelswechsel ist der Umkehrwechsel auch als Finanzwechsel denkbar, z. B. wenn er allein der Geldbeschaffung dient.

Das Umlaufvermögen ist Bestandteil der **Aktivseite** der Bilanz [⇨ 022]. Das HGB beschreibt nicht genau, was unter dem Umlaufvermögen zu verstehen ist. Deshalb werden zum Umlaufvermögen im Rahmen einer negativen Abgrenzung alle **Vermögensteile** gerechnet, die nicht Anlagevermögen [⇨ 010] und keine Posten der Rechnungsabgrenzung sind. Das bedeutet, dass als Umlaufvermögen alle Vermögensgegenstände ausgewiesen werden, die dem Geschäftsbetrieb eines Unternehmens nicht dauernd dienen sollen. Nach § 266 Abs. 2 HGB gehören zum Umlaufvermögen:

I. **Vorräte**
   1. Roh-, Hilfs- und Betriebsstoffe
   2. Unfertige Erzeugnisse, unfertige Leistungen
   3. Fertige Erzeugnisse und Waren
   4. Geleistete Anzahlungen

II. **Forderungen** und **sonstige Vermögensgegenstände**
   1. Forderungen auf Lieferungen und Leistungen
   2. Forderungen gegen verbundene Unternehmen
   3. Forderungen gegen Unternehmen (Beteiligungsverhältnis)
   4. Sonstige Vermögensgegenstände (als Restposten)

III. **Wertpapiere**
   1. Anteile an verbundenen Unternehmen
   2. Eigene Anteile
   3. Sonstige Wertpapiere

IV. **Kassenbestand, Bundesbankguthaben**, **Guthaben bei Kreditinstituten und Schecks**

Die Gliederungsvorschriften des HGB ermöglichen den Unternehmen im Wesentlichen eine problemlose Zuordnung der **Wirtschaftsgütern** in die Bilanz.

Umwandlung	Ditges/Arendt (2007a); Eisele (2002); Hömberg (2002); Schmidt (2006b)	**189**

Die Umwandlung ist die Überführung eines Unternehmens von einer Rechtsform [⇨ 169] in eine andere Rechtsform. **Gründe** dafür können sein:

- Wachstum bzw. Schrumpfung eines Unternehmens
- Steuerliche und Haftungsüberlegungen
- Die Vergrößerung der Kapitalbasis.

Formen der Umwandlung sind:

- Die **Umwandlung mit Liquidation**, die dort notwendig ist, wo der Gesetzgeber eine **Einzelrechtsnachfolge** vorgesehen hat. Hier erfolgt zunächst die formelle Liquidation [⇨ 143] des bisher bestehenden Unternehmens, der sich eine Neugründung in der vorgesehenen Rechtsform anschließt. Das ist grundsätzlich notwendig, wenn ein Einzelunternehmen [⇨ 041] in eine Personengesellschaft [⇨ 161] bzw. eine OHG [⇨ 158] oder KG [⇨ 129] in ein Einzelunternehmen umgewandelt werden.

- Die **Umwandlung ohne Liquidation**, bei der es nicht erforderlich ist, die Vermögenswerte einzeln zu übertragen. Sie kann erfolgen als:

Übertragende Umwandlung	Sie wird durch den Übergang des Vermögens des umzuwandelnden Unternehmens auf ein übernehmendes Unternehmen im Wege der **Gesamtrechtsnachfolge** vollzogen. Dabei geht das Vermögen als eine Einheit über. Die übertragende Umwandlung kann eine verschmelzende (ähnlich der Fusion) oder errichtende Umwandlung (neues Unternehmen) sein.
Formwechselnde Umwandlung	Sie macht keine Vermögensübertragung erforderlich, da die Rechtspersönlichkeit des Unternehmens erhalten bleibt, und lediglich die Rechtsform wechselt, z. B. Umwandlung einer AG [⇨ 004] in eine GmbH [⇨ 079] (§§ 369-374 AktG) und umgekehrt (§§ 376-383 AktG).

Das Ergebnis der Umwandlung zeigt sich in der **Umwandlungsbilanz**.

Unternehmensbewertung	Ballwieser (2004); Mandel/Rabel (2002); Olfert/Reichel (2006a+b); Seiler u. a. (2004)	**190**

Mit der Unternehmensbewertung wird der Zweck verfolgt, einen möglichst realistischen Wert des Unternehmens festzustellen. Das *Institut der Wirtschaftsprüfer (IDW)* geht davon aus, dass der **Unternehmenswert** grundsätzlich durch seine Eigenschaft bestimmt wird, Überschüsse zu produzieren, d. h. der Barwert [⇨ 017] der künftigen Überschüsse bildet den theoretisch richtigen Unternehmenswert. Praktisch ist das jedoch kein Weg, den Unternehmenswert zu ermitteln, da die Zukunft unsicher ist und subjektiv unterschiedlich eingeschätzt wird.

Die Unternehmensbewertung umfasst insbesondere:

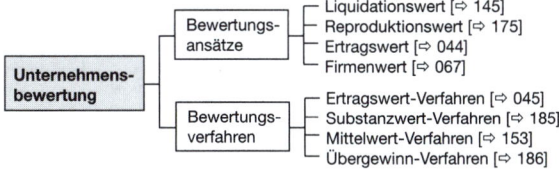

Die Bewertung kann sich folgender **Techniken** bedienen:

- Der **Einzelbewertung**, bei der der Unternehmenswert durch Addition der Werte aller inventurfähigen Unternehmensteile ermittelt wird. Die Werterfassung der einzelnen Teile erfolgt unabhängig voneinander. Kombinationseffekte bleiben unbeachtet.

- Der **Gesamtbewertung**, bei der die Kombinationseffekte praxisentsprechend berücksichtigt werden. Es interessiert der Nutzen aus dem Einsatz aller Gegenstände im Unternehmen, der sich in den Überschüssen ausdrückt, die das Unternehmen erwirtschaftet.

Die Wandelschuldverschreibung ist eine besondere Art der **Industrieobligation** [⇨ 089], in der neben den Rechten aus der Teilschuldverschreibung ein Umtauschrecht auf Aktien [⇨ 001] (§ 221 Abs. 1 Satz 1 AktG) verbrieft wird, das nach einer bestimmten Sperrfrist wahrgenommen werden kann. Sie wird auch **Wandelanleihe** genannt.

Für eine AG [⇨ 004], die ihre **Kapitalbasis** erweitern will, kann sich die Ausgabe einer Wandelschuldverschreibung anbieten, wenn Aktien oder eine Industrieobligation nicht ohne weiteres platziert werden können, weil das Zinsniveau bei Anleihen [⇨ 011] zu hoch, das Niveau der Aktienkurse zu niedrig bzw. die Erfolgsaussichten des Unternehmens gedämpft sind.

Für die **Ausgabe** von Wandelschuldverschreibungen ist aktienrechtlich eine bedingte Kapitalerhöhung [⇨ 118] (§§ 192-201 AktG) vorzunehmen, die mit einer Drei-Viertel-Mehrheit der Hauptversammlung beschlossen werden muss. Aktionären ist ein **Bezugsrecht** [⇨ 021] einzuräumen, das sich als Bezugsverhältnis ermitteln lässt:

$$\text{Bezugsverhältnis} = \frac{\text{Gezeichnetes Kapital}}{\text{Nennwert der Wandelschuldverschreibung}}$$

Der **Umtausch** der Wandelschuldverschreibungen in Aktien kann nach Ablauf der Sperrfrist vorgenommen werden. Dabei muss das Umtauschverhältnis nicht 1 : 1 betragen, z. B. können drei Wandelschuldverschreibungen in eine Aktie umgetauscht werden. Der Zeitpunkt des Umtausches kann durch steigende oder fallende **Zuzahlungen** beim Umtausch beeinflusst werden. Sie können aber auch konstant sein.

Als **Sicherheit** [⇨ 183] für die Wandelschuldverschreibung dient üblicherweise die **Negativklausel** als vertragliche Verpflichtung, künftig keine Belastungen von Vermögensteilen zu Gunsten anderer Gläubiger vorzunehmen.

Der Wechsel ist ein streng förmliches Wertpapier mit folgenden **Merkmalen**:

- Er ist eine **Urkunde**, die ein privates Vermögensrecht verbrieft.
- Die Ausübung des Vermögensrechtes erfordert den **Besitz** der Urkunde.
- Die **Inhalte** der Urkunde sind im Wechselgesetz (WG) im Einzelnen vorgeschrieben.

Der Wechsel kann im **Zahlungsverkehr** [⇨ 195] in folgender Weise verwendet werden:

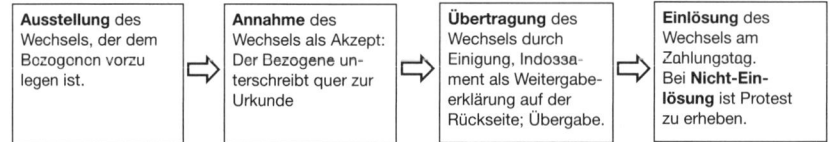

| **Ausstellung** des Wechsels, der dem Bezogenen vorzulegen ist. | ⇨ | **Annahme** des Wechsels als Akzept: Der Bezogene unterschreibt quer zur Urkunde | ⇨ | **Übertragung** des Wechsels durch Einigung, Indossament als Weitergabeerklärung auf der Rückseite; Übergabe. | ⇨ | **Einlösung** des Wechsels am Zahlungstag. Bei **Nicht-Einlösung** ist Protest zu erheben. |

Der Wechsel ist nicht nur ein **Zahlungsmittel**, sondern (wegen strenger Vorschriften des WG) auch ein **Sicherungsmittel** und ein **Kreditmittel**, z. B. als Diskontkredit [⇨ 043]. Er kann sein:

- Ein **gezogener Wechsel**, der die unbedingte Anweisung eines Ausstellers an einen Bezogenen enthält, einen bestimmten Geldbetrag bei Fälligkeit an die Person zu zahlen, die im Wechsel als berechtigt ausgewiesen ist.

- Ein **eigener Wechsel**, der das unbedingte Versprechen eines Ausstellers beinhaltet, einen bestimmten Geldbetrag bei Fälligkeit an die jeweilige Person zu zahlen, die im Wechsel als berechtigt ausgewiesen ist. Er wird auch **Solawechsel** genannt.

Einem **Handelswechsel** liegt ein Warengeschäft zu Grunde, einem **Finanzwechsel** nicht.

Das Working Capital ist die Differenz von Umlaufvermögen [⇨ 188] und kurzfristigen Verbindlichkeiten. Es wird im Rahmen der **langfristig** ausgerichteten **statischen Liquiditätsanalyse** [⇨ 149] ermittelt. Das Working Capital entspricht weitgehend der Liquidität [⇨ 146] 3. Grades, die auf der »bankers rule« aufbaut, einer Forderung amerikanischer Banken, nach der das **Umlaufvermögen** mindestens doppelt so groß sein soll wie das **kurzfristige Fremdkapital** [⇨ 073]. Es gilt:

- Bei **positivem Working Capital** übersteigt das Umlaufvermögen das kurzfristige Fremdkapital (im Beispiel um 50 Einheiten). Je höher das Working Capital ist, desto positiver ist die Liquiditätslage einzuschätzen.

Bilanz (mit *positivem* Working Capital)			
Anlagevermögen	100	Eigenkapital und langfristiges Fremdkapital	100
Umlaufvermögen	100	kurzfristiges Fremdkapital	50
		positives Working Capital	50
	200		200

- Bei **negativem Working Capital** übersteigt das kurzfristige Fremdkapital das Umlaufvermögen (im Beispiel um 70 Einheiten).

Das Unternehmen hat kurzfristig fällige Mittel langfristig angelegt und riskiert eine vorübergehende **Illiquidität**.

Bilanz (mit *negativem* Working Capital)			
Anlagevermögen	170	Eigenkapital und langfristiges Fremdkapital	100
Umlaufvermögen	30	kurzfristiges Fremdkapital	100
		negatives* Working Capital	(70)
	200		200

$$* \ \text{Umlauf-} \quad \text{Kurzfristiges} \atop \text{vermögen} \quad \text{Fremdkapital} = 30 - 100 = -70$$

Obwohl bei deutschen Unternehmen das Umlaufvermögen nur selten doppelt so groß ist wie die kurzfristigen Verbindlichkeiten, muss deren Liquidität deshalb nicht gefährdet sein.

| Zahlungsbedingungen, im Außenhandel | Grill/Perczynki (2002); Häberle (2002); Jahrmann (2007); Weis (2007a+b) | 194 |

Die Zahlungsbedingungen sind Vereinbarungen über Geldschulden. Aufgrund der großen räumlichen Entfernungen und unterschiedlicher Rahmenbedingungen ist das Aushandeln der Zahlungsbedingungen **(Terms of Payment)** vor allem im Außenhandel sehr bedeutsam. Zu unterscheiden sind:

• Kurzfristige Zahlungsbedingungen:	Vorauszahlung/ Anzahlung	Im Schiffsbau kann z. B. die 1. Rate bei Vertragsabschluss und die 2. Rate bei Kiellegung bezahlt werden.
	Zahlung durch Nachnahme	Bei Landtransporten und Lufttransporten kann unter Ausstellung eines Frachtbriefes per Nachnahme gezahlt werden.
	Zahlung gegen einfache Rechnung	Bei hoher Vertrauenswürdigkeit des Importeurs kann gegen einfache Rechnung bezahlt werden.
	Dokumente gegen Akzept	In einem Zug-um-Zug-Geschäft verpflichtet sich der Importeur gegen Übergabe der Dokumente einen Wechsel [⇨ 192] zu akzeptieren.
	Zahlung auf Akkreditivbasis	Eine Bank gibt vor dem Versand der Ware eine Zahlungszusage. Erfüllt der Exporteur die Bedingungen, erhält er bei Vorlage der Dokumente die Zahlung.
	Akzept auf Akkreditivbasis	Der Exporteur erhält vor dem Versand der Ware eine Akzeptzusage der Akkreditivbank. Nach Erfüllung der Bedingungen bekommt er nach dem Versand der Ware ein Wechselakzept.
• Langfristige Zahlungsbedingungen:	Lieferantenkredit	Hier gibt es die Möglichkeit der Refinanzierung durch AKA (= Ausfuhrkredit-Gesellschaft mbH) oder KfW (= Kreditanstalt für Wiederaufbau).
	Bestellerkredit	Der dem Besteller gewährte Kredit wird nicht vom Lieferanten gewährt, sondern von AKA, KfW oder Geschäftsbanken, die daran ein Interesse haben.
	Gebundene Finanzkredite	Hier handelt es sich um Kredite von supranationalen Spezialinstituten (internationale Verflechtung).
	Exportleasing	Dabei erfolgt der Kapitaldienst des Schuldners durch Zahlung von Leasingraten.
	Forfaitierung	Sie ist eine Wechselfinanzierung, die nicht an das Handelsgeschäft gebunden ist.

Der Zahlungsverkehr dient dazu, die Kapitalbeschaffung und Kapitalverwendung im Rahmen der Finanzwirtschaft [⇨ 065] verwaltungsmäßig abzuwickeln. **Zahlungsmittel** können sein:

- Das **Bargeld**, das gesetzliches Zahlungsmittel ist und Banknoten sowie Münzen umfasst. Seine Hingabe erfolgt an Erfüllungs Statt, d. h. mit der Zahlung ist die Verpflichtung des Schuldners dem Gläubiger gegenüber erfüllt. Es muss von Jedermann angenommen werden.

- Das **Buchgeld**, das auch **Giralgeld** heißt. Es ist zwar kein gesetzliches Zahlungsmittel, hat aber in der betrieblichen Praxis die wesentlich größere Bedeutung. Seine Hingabe erfolgt, wenn sie durch Überweisung geschieht, an Erfüllungs Statt.

- **Geldersatzmittel**, die ebenfalls keine gesetzlichen Zahlungsmittel sind. Sie umfassen als Hilfszahlungsmittel nach verbreiteter Meinung **Schecks** [⇨ 178] und **Wechsel** [⇨ 192]. Ihre Hingabe ist erst nach ihrer Einlösung erfüllt.

Nach den verschiedenen **Zahlungsmitteln** werden folgende Arten des Zahlungsverkehrs unterschieden:

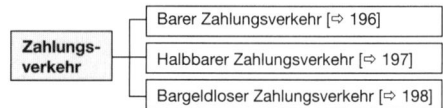

Zahlungs-verkehr	Barer Zahlungsverkehr [⇨ 196]
	Halbbarer Zahlungsverkehr [⇨ 197]
	Bargeldloser Zahlungsverkehr [⇨ 198]

Nach der **Verwendung von Belegen** gibt es als Zahlungsverkehr:

| **Beleglosen Zahlungsverkehr** | Bei ihm werden die Zahlungen im beleglosen Datenträgeraustausch (DTA) bzw. durch Datenfernübertragung abgewickelt. Er setzt kompatible EDV-Anlagen voraus. |
| **Beleggesteuerten Zahlungsverkehr** | Bei ihm erfolgen die Auszahlungen oder Einzahlungen auf der Grundlage von Zahlungsbelegen, z. B. Quittungen bzw. Überweisungsträgern. |

Beim Barzahlungsverkehr wird **Bargeld** in Form von Geldscheinen oder Münzen übertragen. Der Zahlungspflichtige, der Bargeld an den Zahlungsempfänger übergibt, erfüllt damit seine Geldverpflichtung, da die Hingabe von Bargeld an Erfüllungs Statt erfolgt.

Arten des baren Zahlungsverkehrs sind:

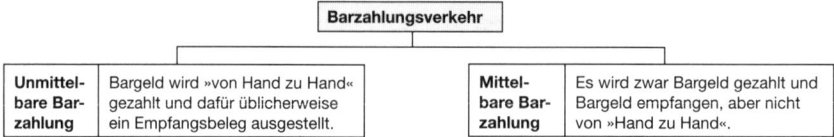

	Barzahlungsverkehr			
Unmittelbare Barzahlung	Bargeld wird »von Hand zu Hand« gezahlt und dafür üblicherweise ein Empfangsbeleg ausgestellt.		**Mittelbare Barzahlung**	Es wird zwar Bargeld gezahlt und Bargeld empfangen, aber nicht von »Hand zu Hand«.

Im Geschäftsverkehr hat der **Barzahlungsverkehr** im Wesentlichen nur bei Handels- und Dienstleistungsunternehmen größere Bedeutung, die private Kunden haben. Diese Unternehmen zahlen ihre Bargeldbestände üblicherweise bei ihrem Kreditinstitut ein, bei denen sie Konten unterhalten.

Die Tageseinnahmen einschließlich Schecks [⇨ 178] können bei Kreditinstituten außerhalb der Geschäftszeit in den **Tag- und Nachttresor** geworfen werden. Beim Barzahlungsverkehr entstehen aus betriebswirtschaftlicher Sicht nicht zu unterschätzende Kosten der Handhabung und Entsorgung, wenn größere Mengen an Bargeld anfallen.

Im Handel wird der Barzahlungsverehr zunehmend ersetzt durch **bargeldlosen Zahlungsverkehr** [⇨ 197] unter Verwendung von Debitkarten, edc-Karten, Kundenkarten, Geldkarten, Kreditkarten und Electronic Cash-Systemen [⇨ 037].

Beim bargeldlosen Zahlungsverkehr kommt weder der Zahlungspflichtige noch der Zahlungsempfänger mit Bargeld in Berührung. Beide verfügen über ein Konto, das nicht beim gleichen Kreditinstitut geführt werden muss. Der Zahlungsverkehr erfolgt hier mithilfe von **Buchgeld**, das durch Umbuchung übertragen wird und jederzeit durch Abhebung in Bargeld umgewandelt werden kann, wozu die Kreditinstitute nach § 3 KWG verpflichtet sind. **Arten** des bargeldlosen Zahlungsverkehrs sind:

Der Zahlungsverkehr zwischen Unternehmen ist fast ausschließlich bargeldloser Zahlungsverkehr. Er hat sich in den letzten Jahren weiter entwickelt, z. B. in Form von Electronic Cash-Systemen [⇨ 037], Kreditkarten, Debitkarten, edc-Karten, Kundenkarten, Geldkarten.

Beim halbbaren Zahlungsverkehr wird Bargeld in Buchgeld umgewandelt und umgekehrt. Damit muss einer der beiden am Zahlungsverkehr Beteiligten über ein Konto verfügen. **Arten** des halbbaren Zahlungsverkehrs sind:

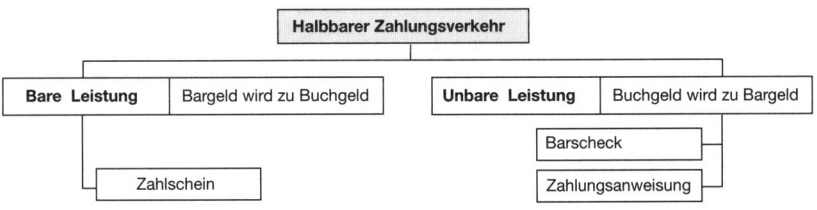

Beim **Zahlschein** muss der Zahlungsempfänger über ein Konto verfügen. Das Bargeld wird bei einem Kreditinstitut eingezahlt und der Betrag auf einem Bankkonto gutgeschrieben.

Die Auszahlung des **Barschecks** erfolgt bei einem Kreditinstitut.

Die **Zahlungsanweisung** wird vom Zahlungspflichtigen ausgefüllt und an das Konto führende Kreditinstitut übersendet, welche die Barauszahlung an den Empfänger veranlasst.

Die Bedeutung des halbbaren Zahlungsverkehrs ist in der betrieblichen Praxis im Wesentlichen auf den Zahlschein begrenzt, die von den Unternehmen vielfach den Rechnungen beigelegt werden.

Zum Zahlungsverkehr im Außenhandel zählen alle Zahlungen zwischen Wirtschaftssubjekten in unterschiedlichen Währungsgebieten. Dabei können unterschieden werden:

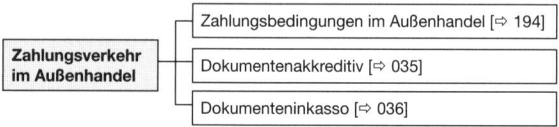

Bei der Durchführung des Zahlungsverkehrs im Außenhandel sind zu berücksichtigen:

* Der **Zahlungszweck**, also der Anlass für den Zahlungsverkehr mit dem Ausland, z. B. Warenverkehr, Dienstleistungsverkehr, Kapitalverkehr, Kapitaldienst, Geldverkehr, Reiseverkehr.

* Der **Zahlungsweg** sollte möglichst ein direkter Zahlungsweg sein, der durch ein weitverzweigtes Korrespondenzbankennetz auch für viele Zahlungen erreichbar ist.

* Als **Zahlungsart** sind Überweisungen, Scheck- [⇨ 178] und Wechselzahlungen [⇨ 192] zu nennen. Die Auswahl der Zahlungsart richtet sich nach dem jeweiligen Zweck.

* Die **Zahlungssicherung** beinhaltet den Schutz vor Außenhandelsrisiken.

Aufgrund der großen räumlichen Entfernungen und unterschiedlicher Rahmenbedingungen hat das Aushandeln der Zahlungsbedingungen **(terms of payment)** große Bedeutung. Letztlich beeinflusst die Art der Zahlungsbedingungen nicht unwesentlich den effektiven Preis der Ware.

Zinsen | *Däumler (2002); Olfert/Reichel (2008); Perridon/Steiner (2006); Wöhe/Bilstein (2002)* | **200**

Zinsen sind ein **Entgelt** für das auf Zeit überlassene **Kapital** [⇨ 114]. Sie können sich beziehen auf:

* Die **Nutzung von Fremdkapital** [⇨ 073]. Um dessen Vorteilhaftigkeit beurteilen zu können, sollte bekannt sein, welche Höhe die Zinsen aufweisen. Dabei sind zu unterscheiden:

Nominelle Zinsen	Sie liegen z. B. für Darlehen [⇨ 033] etwa 3 bis 4 % über dem Eckzins der Spareinlagen und können ▶ fest vereinbart sein, z. B. 7,0 % auf 5 Jahre ▶ Gleitklauseln unterliegen, z. B. in Anpassung an den Spitzenfinanzierungssatz der EZB.
Effektive Zinsen	Sie weichen von den nomiellen Zinsen ab, wenn ein anderer Betrag als die zu Grunde gelegte Fremdkapitalsumme ausbezahlt und/oder zurückbezahlt wird. Beim Darlehen z. B. kann ein **Damnum** als ein Teil der Darlehenssumme vereinbart werden, die dem Kapitalnehmer nicht ausbezahlt wird, die von diesem aber an den Kapitalgeber zurückzuzahlen ist. In diesem Falle errechnet sich der **Effektivzinssatz**, wenn das Darlehen zu Ende seiner Laufzeit getilgt wird, aus der Formel: Bei jährlich in gleichen Raten oder nach einer tilgungsfreien Zeit jährlich in gleichen Raten erfolgender Tilgung muss die Formel modifiziert werden.

$$r = \frac{Z + \dfrac{D}{n}}{K} \cdot 100$$

r = Effektivzinssatz
Z = Nominalzinssatz
D = Damnum
K = Auszahlungskurs
n = Laufzeit

* Die **Nutzung von Eigenkapital**, die als kalkulatorische Zinsen in der Kostenrechnung angesetzt werden.

Weiterhin lassen sich **Sollzinsen**, die eine Bank vom Kreditnehmer erhält, und **Habenzinsen** unterscheiden, welche ein Kreditinstitut für die Einlagen an den Kunden zahlt. Der Zinsunterschied zwischen Sollzinsen und Habenzinsen wird **Zinsspanne** genannt.

Literaturverzeichnis

Adam, D., Investitionscontrolling, 3. Aufl. München/Wien 2000

Adler/Düring/Schmalz, Rechnungslegung nach internationalen Standards, Loseblattwerk, Stuttgart 2002

Auer, K., Kapitalflussrechnung, in: HWRP, Hrsg. Ballwieser/Coenenberg/v. Wysocki, 3. Aufl., Stuttgart 2002, Sp.1292-1311

Bähr/Fischer-Winkelmann/List, Buchführung und Jahresabschluss, 9. Aufl., Wiesbaden 2006

Bär, H. P., Asset Securitization, 3. Auflage, Bern u. a. 2000

Ballwieser, W., Unternehmensbewertung, Stuttgart 2004

Bareis, P., Rückstellungen für drohende Verluste aus schwebenden Geschäften, in: HWRP, Hrsg. Ballwieser/Coenenberg/v. Wysocki, 3. Aufl., Stuttgart 2002, Sp.2106-2118

Basler Ausschuss, Consultative Document, Basel 2003

Baumbach/Hefermehl, Wechselgesetz und Scheckgesetz, 22. Aufl., München 2000

Baumbach/Hefermehl, Wettbewerbsrecht, 24. Aufl., München 2006

Baumbach/Hopt, Handelsgesetzbuch, 32. Aufl., München 2005

Becker, H. P., Bankbetriebslehre, 5. Aufl., Ludwigshafen/Rhein 2002a

Becker/Peppmeier, Bankbetriebslehre, 7. Auflage, Ludwigshafen/Rhein 2008

Beike/Schlütz, Finanznachrichten - lesen - verstehen - nutzen, 4. Auflage, Stuttgart 2005

Bender, H. J., Kompakt-Training Leasing, Ludwigshafen/Rhein 2001

Bernstorff, C. v., Rechtsprobleme im Auslandsgeschäft, 4. Aufl., Frankfurt/Main 2000

Betge, P., Investitionsplanung, 4. Aufl., Wiesbaden 2000

Betsch/Groh/Lohmann, Corporate Finance, Unternehmensbewertung, M & A und innovative Kapitalmarktfinanzierung, München 1998

Bette, K., Factoring, Köln 2001

Bieber/Kerber, Cash-Management Mit dem SAP Financial Supply Chain Management, Bonn 2006

Bieberacher, J., Gründung, in: HWRP, Hrsg. Ballwieser/Coenenberg/v.Wysocki, 3. Aufl., Stuttgart 2002, Sp. 1060-1070

Blaurock, U., Handbuch der Stillen Gesellschaft, 6. Aufl., Köln 2003

Blohm/Lüder/Schäfer, Investition, 9. Aufl., München 2005

Bloss, M., Wertpapiere, Optionen & Futures, Berlin 2005

Bloss, M., Derivate, München 2007

Bodendorf, F., Daten- und Wissensmanagement, Berlin 2003

Bodendorf/Robra-Bissantz, E-Finance, München/Wien 2003

Boettger, U., Cash-Management internationaler Konzerne, Wiesbaden 2002

Borchert, M., Geld und Kredit, 8. Aufl., München/Wien 2003

Brox/Henssler, Handelsrecht, 19. Aufl., München 2006b

Bühner, R., Mitarbeiter mit Kennzahlen führen, 3. Aufl., Landsberg 2000

Büschgen, H. E., Das kleine Bank-Lexikon, 3. Aufl., Stuttgart 2006

Bund, S., Asset Securitization, Hohenheim 2000

Busse, F., Grundlagen der betrieblichen Finanzwirtschaft, 5. Aufl., München/Wien 2003

Capelle/Canaris, Handelsrecht, 24. Aufl., München 2006

Coenenberg, A. G., Kostenrechnung und Kostenanalyse, 5. Aufl., Stuttgart 2003

Coenenberg, A. G. u. a., Jahresabschluß und Jahresabschlußanalyse, 29. Aufl., Landsberg/Lech 2005

Däumler, K. D., Betriebliche Finanzwirtschaft, 8. Aufl., Herne/Berlin 2002

Däumler, K. D., Grundlagen der Investitions- und Wirtschaftlichkeitsrechnung, 11. Aufl., Herne/Berlin 2003

Ditges/Arendt, Bilanzen, 12. Aufl., Ludwigshafen/Rhein 2007a

Ditges/Arendt, Kompakt-Training Internationale Rechnungslegung nach IFRS, 3. Aufl., Ludwigshafen/Rhein 2007b

Dowling/Drumm, Gründungsmanagement, 2. Aufl., Berlin u. a. 2003

Dreier, N., Aktienanalyse, in: Management-Lexikon, Hrsg. R. Bühner, München/Wien 2001, S. 19

Drukarczyk, J., Finanzierung, 9. Aufl., Stuttgart 2003

Drukarczyk, J., Unternehmensbewertung, München 2006

Drukarczk/Schuler, Unternehmensbewertung, 5. Aufl., München 2005

Eckardt/Zwoll v., Der Geschäftsführer der GmbH, Stuttgart 2004

Ehrmann H., Kompakt-Training Balanced Scorecard, 4. Aufl., Ludwigshafen/Rhein 2007b

Ehrmann, H., Kompakt-Training Risikomanagement. Rating - Basel II, Ludwigshafen/Rhein 2005

Ehrmann, H., Unternehmensplanung, 5. Aufl., Ludwigshafen/Rhein 2007a

Eilenberger, G., Betriebliche Finanzwirtschaft, 7. Aufl., München/Wien 2003

Eisele, W., Aufwendungen und Erträge, außerordentliche, in: HWRP, Hrsg. Ballwieser/Coenenberg/v. Wysocki, 3. Aufl., Stuttgart 2002a, Sp. 157-169

Eisele, W., Technik des betrieblichen Rechnungswesens, 7. Aufl., München 2002

Eisenhardt, U., Gesellschaftsrecht, 12. Aufl., München 2005

Fleischhauer/Preuß, Handelsregisterrecht, Berlin 2006

Franke/Hax, Finanzwirtschaft des Unternehmens und Kapitalmarkt, 5. Aufl., Berlin u. a. 2004

Funk, J., Kapitalerhöhung und -herabsetzung, in: HWRP, Hrsg. Ballwieser/Coenenberg/v. Wysocki, 3. Aufl., Stuttgart 2002, Sp. 1275-1292

Gleißner/Füser, Leitfaden Rating, 2. Aufl., München 2003

Goetze, U., Investitionsrechnung, 5. Aufl., Berlin 2005

Golland/Gehlhaar/Grossmann/Eickhoff-Kley/Jänisch, Mezzanine-Kapital, in: Betriebsberater 4/2005, Special S. 1-32

Gräfer, H., Bilanzanalyse, 9. Aufl., Herne/Berlin 2005

Grefe, C., Kompakt-Training Bilanzen, 5. Aufl., Ludwigshafen/Rhein 2006

Grefe, C., Unternehmenssteuern, 10. Aufl., Ludwigshafen/Rhein 2008

Grill/Perczynski, Wirtschaftslehre des Kreditwesens, 38. Aufl., Bad Homburg 2004

Grob, H. L., Dynamische Investitionsrechnung, in: LdB, Hrsg. H. Corsten, 4. Aufl., München/Wien 2000, S. 199-203

Grob, H. L., Einführung in die Investitionsrechnung, 5. Aufl., München 2006

Gruel, M., Personalsicherheiten unter Einwendungsausschluss, Maastricht 2002

Gustavus/Böhringer/Melchior, Handelsregister-Anmeldungen, 6. Aufl., Köln 2005

Häberle, S. G., Handbuch der Außenhandelsfinanzierung, 3. Aufl., München/Wien 2002

Häberle, S. G. (Hrsg.), Handbuch für Kaufrecht, Rechtsdurchsetzung und Zahlungssicherung im Außenhandel, München/Wien 2002

Häger/Elkemann-Reusch, Mezzanine Führungsinstrumente, Berlin 2004

Hager, J., Offene Handelsgesellschaft, in: LdB, Hrsg. H. Corsten, 4. Aufl., München/Wien 2000a, S. 682-687

Hager, J., Stille Gesellschaft, in: LdB, Hrsg. H. Corsten, 4. Aufl., München/Wien 2000b, S. 917-918

Hartmann-Wendels, Th. (Hrsg.), Basel II, Heidelberg 2003

Hartmann-Wendels/Pfingsten/Weber, Bankbetriebslehre, 4. Aufl., Berlin u. a. 2007

Hirth, H., Grundzüge der Finanzierung und Investition, München/Wien 2005

Holey/Welter/Wiedemann, Wirtschaftsinformatik, 2. Aufl., Ludwigshafen/Rhein 2007

Holzem/Brenner, Auslandsgeschäfte erfolgreich finanzieren, Köln 2003

Hopfenbeck, W., Allgemeine Betriebswirtschafts- und Managementlehre, 14. Aufl., Landsberg/Lech 2002

Hucke, A., Aktie, in: LDB, Hrsg. W. Lück, 6. Aufl., München/Wien 2004, S. 17-18

Hueck, A., Gesellschaftsrecht, 20. Aufl., München 2003

Hull, J., Optionen, Futures und andere Derivate, 6. Aufl., München 2005

Jahrmann, F. U., Außenhandel, 12. Aufl., Ludwigshafen/Rhein 2007

Jahrmann, F. U., Finanzierung, 5. Aufl., Herne/Berlin 2003

Jahrmann, F. U., Kompakt-Training Außenhandel, Ludwigshafen/Rhein 2005

Jung, H., Allgemeine Betriebswirtschaftslehre, 10. Aufl., München/Wien 2006a

Jung, H., Controlling, München/Wien 2003

Jung, H., Personalwirtschaft, 7. Aufl., München/Wien 2006b

Jung, H., Persönlichkeitstypologie, Instrument der Mitarbeiterführung, 2. Aufl., München/Wien 2000

Kaiser/Heilenkötter/Herrmann, Der Euro-Kapitalmarkt, Wiesbaden 2002

Kertesz/Kornitzer/Krüger, Liquidation, Reinbek 2005

Kirchner, Ch., Publizität, in: HWRP, Hrsg. Ballwieser/Coenenberg/v.Wysocki, 3. Aufl., Stuttgart 2002, Sp. 1938-1950

Korndörfer, W., Allgemeine Betriebswirtschaftslehre, 13. Aufl., Wiesbaden 2003

Kraft/Kreutz, Gesellschaftsrecht, 12. Aufl., Frankfurt/Main 2006

Krag/Kasperzak, Grundzüge der Unternehmensbewertung, München 2000

Kruschwitz, L., Finanzierung und Investition, 4. Aufl., München/Wien 2004

Kruschwitz, L., Finanzmathematik, 4. Aufl., München 2006

Kruschwitz, L., Investitionsrechnung, 10. Aufl., Berlin/New York 2005

Küting/Weber, Der Konzernabschluss, 10. Aufl., Stuttgart 2006b

Küting/Weber, Die Bilanzanalyse, 8. Aufl., Stuttgart 2006a

Küting/Weber, Handbuch der Rechnungslegung, 5. Aufl., Stuttgart 2000

Lang, L. F., Aktien, in: LdB, Hrsg. H. Corsten, 4. Aufl., München/Wien 2000, S. 35-38

Lang, R., Informelle Organisation, in: HWO, Hrsg. Schreyögg/v. Werder, 4. Aufl., Stuttgart 2004, Sp. 497-505

Lang, U., Der neue Aktienberater, Frankfurt/New York 2003

Langenbeck, J., Kompakt-Training Bilanzanalyse, 2. Aufl., Ludwigshafen/Rhein 2007

Langenfeld, G., Gesellschaft bürgerlichen Rechts, 6. Aufl., München 2003

Langenkämper, Ch., Unternehmensbewertung, Wiesbaden 2000

Leopold/Frommann/Kühr, Private Equity – Venture Capital: Eigenkapital für innovative Unternehmer, 2. Aufl., München 2003

Liesegang, H., Der Franchise-Vertrag, 6. Aufl., Heidelberg 2003

Luger, A. E., Allgemeine Betriebswirtschaftslehre, Bd. 1, Der Aufbau des Betriebes, 5. Aufl., München/Wien 2003

Luger/Geisbüsch/Neumann, Allgemeine Betriebswirtschaftslehre, Bd. 2, 4. Aufl., München/Wien 1999

Lutter/Krieger, Rechte und Pflichten des Aufsichtsrats, 4. Aufl., Köln 2002

Maikranz. F. C., Das Existenzgründungs-Kompendium, Berlin/Heidelberg 2002

Mandl/Rabel, Unternehmensbewertung, in: HWU, Hrsg. Küpper/Wagenhofer, 4. Aufl., Stuttgart 2002, Sp. 2007-2016

Matschke, J., Unternehmungsbewertung: Wertarten nach der Art ihrer Ermittlung, in: LdB, Hrsg. H. Corsten, 4. Aufl., München/Wien 2000, S. 971-974

Mellwig, W., Leasing, in: HWRP, Hrsg. Ballwieser/Coenenberg/v. Wysocki, 3. Aufl., Stuttgart 2002, Sp. 1478-1495

Mellwig, W., Steuern in der Unternehmensrechnung, in: HWU, Hrsg. Küpper/Wagenhofer, 4. Aufl., Stuttgart 2002, Sp. 1828-1837

Müller-Stewens, G., Fusionen und Übernahmen (Mergers and Acquisitions), in: HWO, Hrsg. Schreyögg/v. Werder, 4. Aufl., Stuttgart 2004, Sp. 332-340

Obst/Hintner, Geld-, Bank- und Börsenwesen, 40. Aufl., Stuttgart 2000

Oeldorf/Olfert, Kompakt-Training Materialwirtschaft, 2. Aufl., Ludwigshafen/Rhein 2005

Oeldorf/Olfert, Materialwirtschaft, 12. Aufl., Ludwigshafen/Rhein 2008

Oetker, H., Handelsrecht, 5. Aufl., Berlin 2006

Olfert, K., Kompakt-Training Einführung in die Betriebswirtschaftslehre, Ludwigshafen/Rhein 2005

Olfert, K., Kompakt-Training Kostenrechnung, 5. Aufl., Ludwigshafen/Rhein 2006b

Olfert, K., Kompakt-Training Personalwirtschaft, 5. Aufl., Ludwigshafen/Rhein 2008a

Olfert, K., Kompakt-Training Projektmanagement, 5. Aufl., Ludwigshafen/Rhein 2007
Olfert, K., Kostenrechnung, 15. Aufl., Ludwigshafen/Rhein 2008b
Olfert, K., Organisation, 14. Aufl., Ludwigshafen/Rhein 2006c
Olfert, K., Personalwirtschaft, 12. Aufl., Ludwigshafen/Rhein 2006a
Olfert/Pischulti, Kompakt-Training Unternehmensführung, 4. Aufl., Ludwigshafen/Rhein 2007
Olfert/Rahn, Einführung in die Betriebswirtschaftslehre, 8. Aufl., Ludwigshafen/Rhein 2008
Olfert/Rahn, Kompakt-Training Organisation, 4. Aufl., Ludwigshafen/Rhein 2005
Olfert/Reichel, Finanzierung, 14. Aufl., Ludwigshafen/Rhein 2008
Olfert/Reichel, Investition, 10. Aufl., Ludwigshafen/Rhein 2006a
Olfert/Reichel, Kompakt-Training Finanzierung, 5. Aufl., Ludwigshafen/Rhein 2005
Paul, J., Einführung in die Allgemeine Betriebswirtschaftslehre, Wiesbaden 2006
Paul. S., Asset Backed Securities, in: Gerke/Steiner /Hrsg,), Handwörterbuch des Bank- und Finanzwesens, 3. Auflage, Stuttgart 2001
Pausenberger, E., Cash Management, in: Management-Lexikon, Hrsg. R. Bühner, München/Wien 2001, S. 136
Peemöller, V. H., Bilanzanalyse und Bilanzpolitik, 3. Aufl., Wiesbaden 2003
Peemöller, V. H., Controlling, 5. Aufl., Herne/Berlin 2005
Peemöller, V., Praxishandbuch der Unternehmensbewertung, Berlin 2001
Perridon/Steiner, Finanzwirtschaft der Unternehmung, 14. Aufl., München/Wien 2006
Pflaumer/Kohler, Investitionsrechnung, 5. Aufl., München/Wien 2004
Philipp, C., Factoringvertrag, München 2006
Prätsch/Schikorra/Ludwig, Finanz-Management, München/Wien 2001
Priewasser, E., Bankbetriebslehre, 7. Aufl., München/Wien 2001
Raguß, G., Der Vorstand einer Aktiengesellschaft, Berlin u.a. 2004
Rahn, H. J., Unternehmensführung, 7. Aufl., Ludwigshafen/Rhein 2008
Rappaport, A., Shareholder Value, 2. Aufl., Stuttgart 1999
Reichling, P., Risikomanagement und Rating, Wiesbaden 2003
Reichmann, T., Controlling mit Kennzahlen und Management-Tools, 7. Aufl., München 2006
Reichmann, T., Controlling mit Kennzahlen und Managementberichten, 5. Aufl., München 1997
Rocco, J., GmbH – Erfolgreich gründen und führen, Freiburg 2003
Rolfes, B., Moderne Investitionsrechnung, 3. Aufl., München/Wien 2003
Rudolph, B., Analyse hybrider Finanzinstrumente: Mezzanine-Kapital, in: Zeitschrift für das gesamte Kreditwesen 1/2004, s. 14.18
Schäfer, H., Unternehmensfinanzen, Grundzüge in Theorie und Management, 2. Aufl., Heidelberg 2002
Scherrer, G., Liquidation, in: HWRP, Hrsg. Ballwieser/Coenenberg/v.Wysocki, 3. Aufl., Stuttgart 2002, Sp. 1505-1514
Schierenbeck, H., Grundzüge der Betriebswirtschaftslehre, 16. Aufl., München/Wien 2003
Schmidt, L., Einkommensteuergesetz, 25. Aufl., München 2006b
Schneck, O., Handbuch Alternative Finanzierungsformen, Weinheim 2006
Schult, E., Bilanzanalyse, 11. Aufl., Freiburg i. Br. 2003
Schulte, G., Investition, 2. Aufl., München/Wien 2007
Schuster, L., Börse, in: LdB, Hrsg. H. Corsten, 4. Aufl., München/Wien 2000, S. 150-154
Schwarz, W., Factoring, 4. Aufl., Stuttgart 2002
Schwenkedel, S., Management Buyout, Ein neues Geschäftsfeld für Banken, Wiesbaden 1991
Seiler/Larson, Unternehmensbewertung, Berlin u.a. 2004
Spremann, K., Finance, München/Wien 2007
Steckler, B., Kompakt-Training Wirtschaftsrecht, 2. Aufl., Ludwigshafen/Rhein 2003
Steckler, B., Kompendium Wirtschaftsrecht, 7. Aufl., Ludwigshafen/Rhein 2008
Stehle/Leuz, Die GmbH als Unternehmung, 12. Aufl., Stuttgart 2007
Steiner/Wagner, Eigenkapital, in: HWRP, Hrsg. Ballwieser/Coenenberg/v.Wysocki, 3. Aufl., Stuttgart 2002, Sp. 589-604

Swoboda, P., Investition und Finanzierung, 5. Aufl., Göttingen 1996

Thomas, P., Franchising, Bonn 2003

Töpfer, A., Betriebswirtschaftslehre, Berlin/Heidelberg u. a. 2005

Trautmann, S., Investitionen, 2. Aufl., Berlin u.a. 2007

Ulmer, P., Die Gesellschaft des bürgerlichen Rechts, 4. Aufl., München 2004b

Waldner/Wölfel, So gründe und führe ich eine GmbH, 8. Aufl., München 2005

Walz/Gramlich, Investitions- und Finanzplanung, 6. Aufl., Heidelberg 2004

Weis, H. C., Kompakt-Training Marketing, 5. Aufl., Ludwigshafen/Rhein 2007b

Weis, H. C., Marketing, 14. Aufl., Ludwigshafen/Rhein 2007a

Werner, H. S., Mezzanine-Kapital, Mit Mezzanine-Finanzierung die Eigenkapitalquote erhöhen, 2. Aufl., Köln 2007

Wessel/Zwernemann/Kögel, Die Firmengründung, 7. Aufl., Heidelberg 2001

Wöhe, G., Die Handels- und Steuerbilanz, 5. Aufl., München 2005

Wöhe/Bilstein, Grundzüge der Unternehmensfinanzierung, 9. Aufl., München 2002

Wöhe/Döring, Einführung in die Allgemeine Betriebswirtschaftslehre, 22. Aufl., München 2005

Woll, A. (Hrsg.), Wirtschaftslexikon, 9. Aufl., München/Wien 2000

FINDEX

FINDEX

Investition

Von Diplom-Kaufmann Professor Klaus Olfert und
Professor Dr. Christopher Reichel.
10. aktualisierte und verbesserte Auflage. 2006. 522 Seiten.
€ 24,-. ISBN 978-3-470-70470-8.

Die Aufgaben, die sich der Investition dadurch stellen, werden in diesem Band aus der Reihe „Kompendium der praktischen Betriebswirtschaft" umfassend behandelt. Der Inhalt ist übersichtlich, klar und verständlich aufgebaut. Investitionsmathematische Teile können einfach nachvollzogen werden. Zahlreiche Abbildungen und Beispiele veranschaulichen die thematische Beschreibung. Ergänzt wird die praxisnahe Darstellung durch die bewährten Elemente der Olfert-Kompendium-Reihe. Zur Lernkontrolle dienen insgesamt 500 Fragen sowie ein umfangreicher Übungsteil mit 80 Aufgaben und Lösungen.

**Leseproben finden
Sie im Internet!**

Finanzierung

Von Diplom-Kaufmann Professor Klaus Olfert
und Professor Dr. Christopher Reichel.
14. Auflage. 2008. 580 Seiten. € 26,-.
ISBN 978-3-470-53494-7.

Der Titel Finanzierung gibt einen umfassenden Einblick in das Gebiet der Finanzierung. Behandelt werden neben den finanzwirtschaftlichen Grundlagen die Finanzplanung – insbesondere die Erstellung von Finanzplänen –, der Zahlungsverkehr, finanzwirtschaftliche Analysen sowie Beteilungs-, Fremd- und Innenfinanzierung. Die 14. Auflage wurde überarbeitet und aktualisiert. 600 Fragen zur Lernkontrolle und 80 Übungsaufgaben mit Lösungen dienen der Wiederholung und Aufbereitung des Stoffes

**Kostenloser
Abbildungs-
download
für Dozenten!**

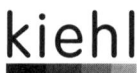 **kiehl**

Kiehl Verlag · 67021 Ludwigshafen · www.kiehl.de

**Bestellen Sie bitte per Telefon: [06 21] 635 02-0, per Fax: [06 21] 635 02-22,
per E-Mail: bestellung@kiehl.de oder bei Ihrer Buchhandlung!**

Preise inkl. MwSt. Buchbestellungen über den Verlag: bis zu einem Warenwert von € 30,- pauschal € 2,- Versandkosten, darüber hinaus € 4,50. Bestellungen über Internet: alle Lieferungen ab einem Warenwert von € 20,- versandkostenfrei.